Roman Maier

Home Theaters

Die besten Heimkinos der Welt

Michael E. Brieden Verlag

Impressum

Herausgeber und Verlag:
Michael E. Brieden Verlag GmbH
Gartroper Straße 42, 47138 Duisburg
Tel.: +49 (0)203 4292-0
E-Mail: info@brieden.de

- **Autor:** Roman Maier
- **Redaktionsteam:**
  Roman Maier, Dipl.-Ing. Michael Voigt,
  Timo Wolters
- **Leserservice:** Michaela Erkens
- **Anzeigenbearbeitung:** Heike Pens
- **Druck:** Die Wattenscheider,
  Medien Vertriebs GmbH
- **Anzeigenleitung:**
  Udo Schulz, Steenkampweg 5
  26160 Bad Zwischenahn
  Telefon: +49 (0)4403 91910, Fax: +49 (0)4403 9191-19
  E-Mail: u.schulz@brieden.de
- **Fotografie:**
  Stephan Schlüter, Lars Brinkmann,
  Philipp Thielen
- **Artdirection, Grafik und Layout:**
  Markus Bethke, Heike Jans,
  Claudia Hurtienne, Simone Aengen-Eyndt
- **Lektorat:**
  Sarina Stützer

- **Bestell- und Versandservice:**
  Michael E. Brieden Verlag GmbH
  Tel.: +49 (0)203 4292-111, Fax: +49 (0)203 4292-149
  E-Mail: info@brieden.de

ISBN 978-3-00-036901-8

Filmbild Titel:
„Chicago"
Blu-ray von Studiocanal

Vorwort

Liebe Leserin, lieber Leser,
lieber Heimkinofan,
lieber Freund des gepflegten Filmgenusses zu Hause,

mit einer Anzahl deutlich im dreistelligen Bereich durfte ich ganz sicher weltweit die meisten privaten Lichtspielhäuser persönlich begutachten. Seit 2004 traf ich dabei auf viele sympathische Bauherren, die unterschiedlichsten und pfiffigsten Heimkino-Installationen sowie die spannendsten Baustorys. Bei einem meiner Besuche erzählte mir ein Gastgeber, dass er sich bei einem Livekonzert in die dort genutzten Lautsprecher verliebte. Der Wille, diese Lautsprecher haben zu müssen, führte so weit, dass er sich, ausgestattet mit Taschenlampe, Zollstock und Zeichenblock, eines Nachts in das Festzelt schlich, um das Original zu vermessen und alle wichtigen Daten niederzuschreiben. Von dieser Geschichte begeistert, fasste ich den Entschluss, die besten und schönsten Heimkinos der Welt in einem Buch zusammenzutragen. Diese Idee verfestigte sich im Anschluss daran mit jedem weiteren von mir besuchten Filmpalast und den vor Ort gewonnenen Eindrücken. Und so dauerte es nicht lang, bis ich jede Menge beeindruckendes Material zur Realisierung dieses Vorhabens zusammengetragen hatte.

Das Ergebnis ist Deutschlands erstes Buch zum Thema Heimkino und Heimkinobau, das Sie nun in den Händen halten. Um diesen Leitfaden so ansprechend wie möglich zu gestalten und Ihnen möglichst viele und nützliche Tipps an die Hand zu geben, habe ich mich entschieden, das Hauptaugenmerk auf die fertige Ausgestaltung der jeweiligen privaten Filmpaläste zu legen. Zugleich bietet dieses Buch unzählige Profitipps sowie viele pfiffige Ideen und Bauvorschläge der privaten Kinobetreiber. Diese sind enorm wichtig, machen sie doch den entscheidenden Unterschied zwischen einem durchschnittlichen und einem perfekten Lichtspielhaus in den eigenen vier Wänden. Dabei handelt es sich beispielsweise um einen Beamerlift, der den Projektor in der abgehängten Decke unsichtbar verschwinden lässt, oder eine Bauanleitung für eine vertikale und motorisch betriebene Leinwandmaskierung. Absolut einzigartig ist zudem unsere Fotostrecke zum Bau wirkungsvoller Diffusoren, die im Heimkino für eine deutliche Aufwertung des Klangs sorgen.

Darüber hinaus kommen natürlich auch die stolzen Besitzer der vorgestellten Heimkinos zu Wort, die mir Rede und Antwort standen und den jeweiligen Artikeln somit eine noch persönlichere Note verleihen. Dafür und für die unzähligen netten Besuchsstunden, die interessanten Gespräche und vielen mitreißenden und auch für mich unglaublich spannenden Filmvorführungen möchte ich mich auf diesem Wege noch einmal bedanken. Auch wenn ich schon unzählige private Lichtspielhäuser besichtigen durfte, freue ich mich auf jedes neue Kino, das ich künftig besuchen werde, und auf die faszinierenden Geschichten dahinter. Eine Freude, die nur noch gesteigert wird, wenn man selbst Besitzer eines Heimkinos ist. Also, wenn auch Sie über die Installation eines eigenen Kinos nachdenken, lassen Sie sich inspirieren und fassen Sie Mut. Der Bau eines eigenen Filmpalasts ist einfacher und weniger kostspielig, als man denkt und belohnt Sie mit wundervollen Filmabenden mit der Familie und Freunden.

Mit cineastischen Grüßen
Ihr Roman Maier

Roman Maier

Inhalt

HomeTheaters

Die besten Heimkinos der Welt

HEIMKINO-Award

Der begehrteste private Kinopreis der Welt

Er bringt ein stattliches Gewicht von 1510 Gramm auf die Waage, ragt rund 26,5 Zentimeter in die Höhe und ist unter Heimkino-Besitzern so begehrt wie der Oscar in der Filmbranche.
Die Rede ist vom HEIMKINO-Award, mit dem seit 2002 jährlich die besten privaten Lichtspielhäuser der Welt in insgesamt sechs Kategorien ausgezeichnet werden.

Was für die einen der „Academy Award of Merit“ oder kurz „Oscar“ ist, mit dem jährlich die besten Schauspieler, der beste Film oder das beste Drehbuch ausgezeichnet werden, ist für den stolzen Besitzer eines privaten Filmpalastes der HEIMKINO-Award. 2001 erstmals ausgelobt und seit 2002 jährlich verliehen, ist er der Preis, mit dem die weltweit besten Heimkinos prämiert werden. Dabei wählt die von den Fachpublikationen HOME THEATERS, HOME CINEMA und HEIMKINO zusammengestellte Jury die besten privaten Lichtspielhäuser unseres Planeten aus, denen die begehrte Trophäe im Rahmen einer großen Veranstaltung überreicht wird.

Die ersten Jahre

„Nach dem ersten Aufruf im Sommer 2001 erreichten uns bis zum Ende des Jahres über 350 Bewerbungen“, so Michael Voigt, von 2001 bis 2004 Vorsitzender der Jury und ehemaliger Chefredakteur des Fachmagazins HEIMKINO. „Dieses unglaubliche Echo übertraf all unsere Erwartungen und machte überdeutlich, dass wir mit unserem Aufruf voll ins Schwarze getroffen hatten. Allerdings hatten wir nun auch die Qual der Wahl, aus dem Berg an Bewerbungen die Besten zu nominieren und uns vor Ort einen eigenen Eindruck von der Heimkino-Installation zu machen.

Der Weg zum Award

„Auch heute erreichen uns knapp 600 Kino-Vorstellungen pro Jahr. Dabei ist der Weg vielfältig und manchmal ungewöhnlich“, beschreibt Roman Maier, seit 2005 Jury-Vorsitzender, die aktuelle Situation. „Mittlerweile erreichen uns die meisten Präsentationen auf postalischem Wege oder per E-Mail. Manchmal erhalten wir auch telefonische Bewerbungen oder Youtube-Videos. Aus dieser beeindruckenden Menge an pfiffigen Detaillösungen, beeindruckender handwerklicher Ausführung und einem Reichtum schier unendlicher Ideenvielfalt suchen wir heute wie damals die besten privaten Lichtspielhäuser aus, die von unserer Fachjury persönlich besucht werden.“ Letzteres ist absolute Pflicht, denn einen solchen Preis kann nur das Kino gewinnen, das auch tatsächlich von uns besucht und auf Herz und Nieren getestet wurde. Aus diesem erlauchten Kreis gilt es dann die „Besten der Besten“ in insgesamt sechs Kategorien herauszufiltern. Das ist nicht immer einfach und erfordert nicht selten eine längere Diskussion. Sind die Gewinner ermittelt, werden die Trophäen in einer feierlichen Übergabe im Rahmen einer größeren Veranstaltung im Michael E. Brieden Verlag in Duisburg übergeben.

Der HEIMKINO-Award:

Höhe: ca. 265 Millimeter
Breite: ca. 105 Millimeter
Tiefe: ca. 105 Millimeter
Gewicht: 1,51 Kilogramm

Verliehen seit: 2002

Kategorien: Beste Detaillösung, beste Wohnraumintegration, bestes Preis-Leistungs-Verhältnis, beste handwerkliche Ausführung, bestes Bild, bester Ton

Wie wird man Preisträger?

Sie sind Besitzer eines tollen Heimkinos in einem dedizierten Raum, im Wohnzimmer, im Keller oder auf dem Dachboden? Dann sind die Grundvoraussetzungen bereits geschaffen und ihr privater Filmpalast hat eine berechtigte Chance auf den HEIMKINO-Award. Wenn Sie jetzt noch aussagekräftige Bilder und ein paar Informationen an **heimkino@brieden.de** schicken, gehören Sie demnächst vielleicht zu den Gewinnern.

Zitate glücklicher Gewinner

„Liebes Jury-Team, schön dass es Eure Publikationen gibt und noch schöner, dass Ihr mein Heimkino mit dem ‚Oscar' für den besten Ton ausgezeichnet habt! Viel Spaß und weiter so!"

Ralph W. aus Verl

„Es war immer mein großer Traum, ein eigenes Heimkino zu besitzen und mit einem Bericht in der renommiertesten Kinofachzeitschrift Deutschlands vertreten zu sein. Im Jahre 2005 ging mein Traum dank der tatkräftigen Unterstützung meiner Frau Barbara in Erfüllung, der darin gipfelte, dass Roman Maier mein Kino besuchte und ich den HEIMKINO-Award gewann. Danke an die Redaktion für diese außergewöhnliche Auszeichnung. Ich grüße alle Heimkinoverrückten und möchte Euch ermutigen, Eure Kinos von Roman begutachten zu lassen."

Markus Z. aus Düsseldorf

„Nach monatelanger Bau- und Einmesszeit, um den Traum vom eigenen Kino zu erfüllen, war der Gewinn des HEIMKINO-Awards das i-Tüpfelchen für alle Mühen."

Frank M. aus Köln

„Der HEIMKINO-Award war eine Riesenüberraschung für mich, da ich nie damit gerechnet hätte. Diese Auszeichnung erfüllt mich stolz und entschädigt für den großen Aufwand. Ich danke dem Redaktions-Team für die Anerkennung meiner Arbeit"

Olly K. aus Maisprach/Schweiz

„Ich kann mich noch genau an den Tag erinnern, als der Brief in unserem Briefkasten lag und ich insgeheim gehofft habe, den Award zu bekommen. Ich war gerade mit meiner Tochter auf dem Weg nach Düsseldorf und habe ihn erst dort aufgemacht, um mir die Spannung noch ein wenig zu erhalten. Als sich meine Vermutung bestätigte, war ich natürlich überglücklich."

Martin R. aus Herne

Der eigene Filmpalast – mit oder ohne Award

Man kann ihn nicht kaufen, man kann ihn nicht bestellen und man kann ihn nicht kopieren, man kann ihn nur gewinnen! Der HEIMKINO-Award ist die höchste Auszeichnung, die es für Heimkinobesitzer zu erreichen gibt. Die höchste Anerkennung von den Profis für das eigene Werk. Schon allein deshalb lohnt der Bau des eigenen Lichtspielhauses. Doch die Aussicht auf einen Award allein sollte nicht der Antrieb zum Bau eines privaten Filmpalastes sein. An erster Stelle sollte der Spaß am Hobby, der gemeinsame Spaß mit der Familie und der Spaß mit Freunden stehen. Den Möglichkeiten sind dabei keine Grenzen gesetzt, denn ein Heimkino kann nahezu überall entstehen und ganz nach den individuellen Ansprüchen gestaltet sein. Anregungen dazu finden Sie auf den folgenden Seiten, denn nur in HOME THEATERS finden Sie die besten Heimkinos der Welt zusammengefasst in einem Sammelwerk.

Riesiges 7.1-Kino im Theaterstil

Cine-Lounge

Ausstattung

Projektor:	Epson TW5000 (Full HD)
Leinwand:	16:9 Rahmenleinwand (3,70 x 2,08m)
AV-Receiver:	Onkyo TX SR850
Blu-ray-Player:	Sony Playstation 3
Media-Player:	Dune Prime 3.0
Lautsprecher:	Canton Ergo-/LE-Serie/Canton InWall 500
Subwoofer:	Nubert nuLine AW1000

Filmbilder:
„Sin City“
Blu-ray von Studiocanal

Text: Roman Maier / Fotos: Stephan Schlüter

Die Heimkinogeschichte des Markus Z. beginnt bereits vor etwa 30 Jahren, als er im zarten Alter von sechs Jahren seinen ersten Filmprojektor, einen Revue lux 10 inklusive etwa 20 Filmrollen, geschenkt bekommt. Seit dieser Zeit ist der heutige Familienvater fest mit dem Thema Kino verbunden. Da ist es nicht verwunderlich, dass beim Kauf des eigenen Hauses ein Heimkino fest eingeplant wurde.

Direkt mit dem Einzug entstand das erste „echte“ Heimkino von Markus Z. im geräumigen Wohnzimmer. Viele Anregungen und Ideen für die Perfektionierung holte sich der Kinofan durch das regelmäßige Lesen der HEIMKINO. Von Ausgabe zu Ausgabe wurde deutlicher, dass ein separater Raum für die Realisierung des Kindheitstraums her musste. Im Jahre 2001 fiel die Entscheidung, die maroden Kellerräume zu renovieren. Auch das künftige Kino nebst gemütlicher Bar wurde direkt eingeplant. Dennoch dauerte es noch einmal zwei Jahre, bis es endlich losgehen konnte. Zuerst wurde der seit Jahren unbenutzte Pool im großen Kellerraum abgerissen. Nachdem der Bauschutt entfernt war, konnte es endlich losgehen. Als Erstes wurden Podest- und Treppenstufen sowie Teile der Leinwandbühne gemauert. Kaum war der Estrich ausgehärtet, ging es an den Trockenbau. Hier wurden sowohl die abgehängte Decke als auch sämtliche Wände eingezogen. Gleichzeitig ging es an die Vorbereitung der Leinwandkonstruktion. Zu diesem Zweck wurde in der Rückwand eine 3,70 Meter breite und ca. acht Zentimeter tiefe Vorbereitung für die etwa 7,5 Quadratmeter große Projektionsfläche eingelassen. Anschließend entstand die Podestunterkonstruktion, auf der später die bequemen Kinostühle ihren Platz finden sollten. Kaum war dies geschehen, konnte auch schon der schwarze Teppich verlegt werden. Als Nächstes ging es an die Wandverkleidung. Nach dem Auftragen der wolligen Matten konnte der rote Stoffbezug aufgespannt werden. Direkt danach wurden die zuvor von einem Schreiner auf Maß gefertigten Säulen an den Wänden befestigt. Selbstverständlich hielt der Düsseldorfer alle Schritte mit seiner Digitalkamera fest. Jetzt ging es Schlag auf Schlag, denn anschließend wurden die 15 klappbaren Kinostühle eingesetzt, die der Familienvater günstig bei der Schließung eines alten Kinos erstehen konnte. Nachdem die Leinwand in die dafür vorgesehene Vertiefung eingesetzt war, konnte die riesige Maskierung installiert werden. Der ebenfalls von Beginn an geplante rote Vorhang war der nächste Schritt. Dieser wurde samt Schiene und Motor speziell für das Kino von Markus Z. maßgeschneidert. Der vorprogrammierte Motor zieht den Vorhang über eine in der Schiene untergebrachte Kette an die gewünschte Position und öffnet oder schließt ihn automatisch. Gesteuert wird der Motor über eine programmierte Funkfernbedienung. Ein weiteres Highlight ist der 3,60 x 2,00 Meter messende riesige Sternenhimmel über den Zuschauerplätzen. Hier zaubern gleich zwei Lichtgeneratoren mit je 160 Glasfaserkabeln (die in der Zwischendecke untergebracht wurden) 320 Sterne ins Kino für eine romantische Atmosphäre. Ein weiteres Highlight ist die edle Kellerbar im Nebenraum, in der sich die Besucher auf das bevorstehende Film-ereignis in Stimmung bringen lassen können. Die gut gefüllte Bar verfügt über vier Wassersäulen, die sich, genau wie die Gesamtbeleuchtung, in verschiedenen Farbkombinationen präsentieren. Am 21. Oktober 2005 war es dann endlich so weit: Erstmals öffnete sich der Vorhang für das gespannte Publikum.

Sitzecke

Rechts neben dem Eingang zur Bar befindet sich die großzügig dimensionierte Sitzecke. Auf je drei über Eck installierten und mit Leder bezogenen Kinosesseln kann der Kinoabend hier gemütlich ausklingen.

Die Bar

In der ehemaligen Waschküche neben dem Kino entstand die stilvoll eingerichtete Bar. Insgesamt vier beleuchtbare Wassersäulen sowie die in schier unendlicher Farbvielfalt erscheinende Beleuchtung sorgen hier immer für das passende Ambiente.

Maskierung

Um das Durchhängen der extrem langen Maskierung zu vermeiden, entschied sich der Bauherr, eine Estrich-Abzuglatte aus Aluminium einzusetzen, die mit schwarzem Bühnensamt bezogen wurde. Gehalten wird sie von einem Aluprofil, welches rechts und links der Leinwand als Schiene fungiert. Der Antrieb erfolgt durch einen leistungsstarken Markisenmotor.

Doppelt gemoppelt

Um trotz der absorbierenden Wandmaterialien ein diffuses Klangbild für den Surroundbereich zu erzielen, beschloss Markus Z., jeweils zwei Canton-Einbaulautsprecher für jeden Rear- und Surround-Back-Kanal einzusetzen. Die Direktstrahler sitzen jeweils in einem Abstand von etwa 40 Zentimetern zueinander in der Wand und sorgen für ein realistisches Surrounderlebnis.

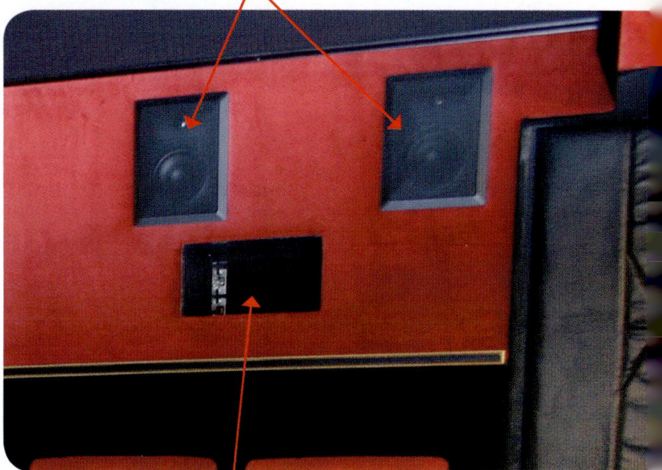

Raucherluke

Ursprünglich als Kontrollfenster für den Vorführer gedacht, erlaubt die durch eine Glasscheibe geschlossene Öffnung in der Wand auch den zum Rauchen in die Bar verbannten Zuschauern einen freien Blick auf die Leinwand.

Ein zwei Meter großer Batman bewacht das Heimkino von Markus Z. (links) vom Balkon aus

Fazit

Wow! Ein solches Privatkino bekommt man selbst als HOME-THEATERS-Redakteur nicht alle Tage zu Gesicht. Was der Rheinländer hier geschaffen hat, ist kaum zu übertreffen. Der zur Leinwand hin abfallende Raum sowie die im Theaterlook gefasste Ausstattung sind perfekt an große Lichtspielhäuser angelehnt. Die vielen kleinen und gelungenen Details wie Raucherluke, Leinwandmaskierung und Sternenhimmel geben dem Düsseldorfer Kino ein einzigartiges Flair. Die im Nebenraum platzierte Bar lässt schon vor der Vorführung die richtige Stimmung aufkommen und bereitet die Gäste vor dem Kinobesuch auf einen spannenden Filmabend vor.

Detaillösung

The Making-of

Pool raus, Kino rein. Was sich so einfach anhört, war mit einer Menge Arbeit verbunden. Glücklicherweise hatte Markus Z. mit seiner Frau und einigen Freunden die richtigen Helfer an seiner Seite.

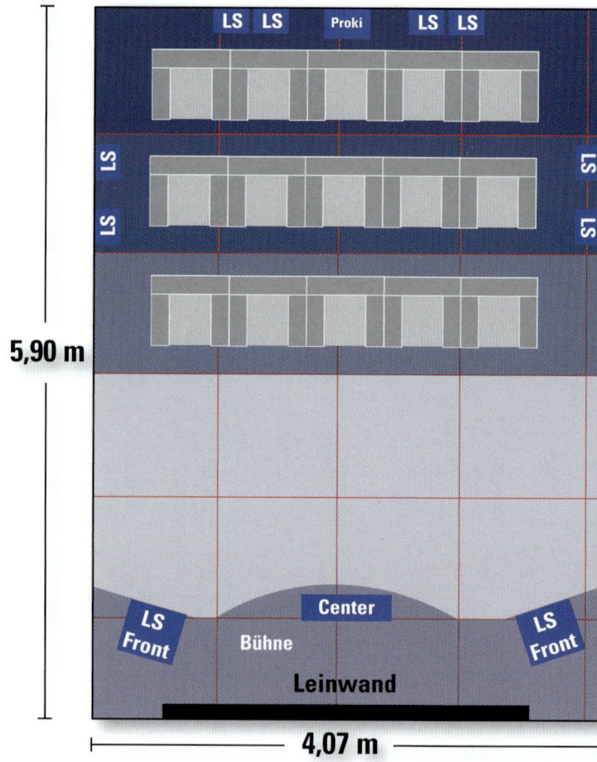

Zuerst musste der seit Jahren unbenutzte Pool im Keller dem künftigen Heimkino weichen. Während des Abrisses stellten die Bauherren fest, dass das Fundament des Pools recht tief in den Boden eingelassen war. Diese Erkenntnis stellte sich jedoch als Glücksfall heraus, denn nun konnte die Leinwand, genau wie im Kino, an der abfallenden Seite im Raum untergebracht werden. Nachdem diverse Ausbesserungsarbeiten vorgenommen wurden und die Stufen gemauert waren, ging es ans Eingemachte. Am schwierigsten gestaltete sich der Bau der Leinwand inklusive Maskierung sowie des riesigen Sternenhimmels. Schließlich sollten diese beiden Projekte die Highlights im Kino der Familie Z. werden – eine 3,70 Meter breite Leinwand oder einen 3,70 x 2,00 Meter großen Sternenhimmel mit 320 funkelnden Sternen sieht man nicht alle Tage. Auch diese Stolpersteine konnten den Düsseldorfer nicht an der Realisierung seines Traumes hindern. Schritt für Schritt entstand das lang ersehnte private Lichtspielhaus im Keller seines Hauses. Zeitgleich ging der Bau der edlen Kellerbar im Nebenraum voran, die nach ihrer Fertigstellung dem Kino in nichts nachsteht. Die monatelange Arbeit hat sich vollends gelohnt, denn aus einem Kinotraum entstand letztlich das Traumkino.

1 Aller Anfang ist schwer: Als der Pool endlich vollständig aus dem Keller entfernt war, ging es an den Bau der gemauerten Stufen, die künftig rechts und links neben den Sitzreihen hinabführen sollen.

2 Der nächste Schritt war die Trockenbau-Installation. Nachdem das Grundgerüst stand, konnten bereits alle Lautsprecher- und Stromkabel ordnungsgemäß verlegt werden.

3 Sieht schon besser aus: Mittlerweile ist der Trockenbau fast abgeschlossen. Der komplette Kellerraum ist mit Rigipsplatten ausgekleidet. Selbst ein Teil der Bühne ist bereits gemauert.

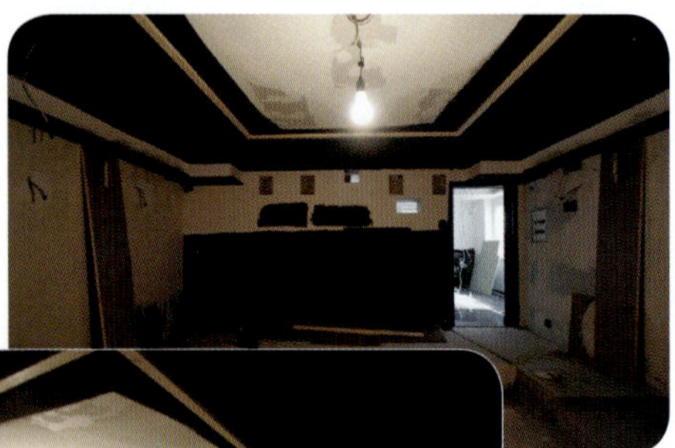

4 Es geht weiter: Jetzt ist auch schon die Decke gestrichen und der Rahmen für den geplanten Sternenhimmel vorbereitet. Hier bringen später 320 Sterne gemütliche Stimmung ins Kino.

5 Clever: Wie im echten Kino verschwindet der Projektor komplett aus dem Sichtfeld. Er ist in der speziell dafür entworfenen Aussparung in der Zwischenwand untergebracht.

6 Es wird was: Alle Wände sind verputzt und der schwarze Teppich verlegt. Am oberen Bildrand sind die Glasfaserkabel des 3,70 x 2,00 Meter großen Sternenhimmels zu sehen.

Das Düsseldorfer Kino von Markus Z. ist endlich fertig. Alle Sitze sind eingebaut, und der automatische Vorhang ist angebracht. Jetzt kann die erste Vorstellung losgehen ...

American Dream: Star-Trek-Mottokino in Perfektion

The Bridge

Ausstattung

- Projektor: Sony Cineza VPL-HS20
- Leinwand: 16:9-Rahmenleinwand (Selbstbau)
- AV-Receiver: Yamaha RX-V 1600
- DVD-Player: Bravo D1
- Lautsprecher: Polk Audio CSi/Fxi-Series
- Subwoofer: Velodyne CHT-12R
- Lichtsteuerung: Smarthome X10
- Fernbedienung: Philips Pronto TSU-3000
- Netzfilter: Monster HST-2500

Filmbilder:
„Source Code" –
Blu-ray von Studiocanal

Text: Roman Maier / Fotos: Lars Brinkmann

Filme waren schon immer die Passion des Star-Trek-Fans Gary R. aus Exton, USA. Was liegt da näher, als ein Kino zu bauen, welches der Kommandobrücke der U.S.S Enterprise originalgetreu nachempfunden ist?

Alles begann im Jahre 2002, als Gary R., übrigens Bachelor für Film- und Fernsehproduktionen, sich dazu entschloss, seinen freien Kellerraum in ein besonderes Heimkino zu verwandeln. Nachdem der Raum vermessen war, überlegte sich der Filmfan, wie sein späteres Kino denn aussehen könnte.

Inspiration

Von Beginn an war klar, dass das spätere Lichtspielhaus kein Heimkino im gebräuchlichen Sinne, sondern nach einem bestimmten Motto kreiert werden sollte. Auf die zündende Idee kam der aus Pennsylvania stammende Gary, als er auf einen Heimkino-Selbstbau-Artikel in einem amerikanischen Home-Cinema-Magazin stieß, in dem ein Star-Trek-Mottokino zu sehen war. „An so etwas hätte ich auch Spaß, ist nur leider nicht zu machen“, dachte sich der Amerikaner im Hinblick auf die Kosten, die ein solches Projekt wohl verursachen würde. Allein ein durchschnittlicher Röhrenprojektor würde ja schon 50.000 Dollar kosten – so waren seine Erfahrungen mit CRT-Beamern, die zu Präsentationszwecken in seiner Firma eingesetzt wurden. Dass heimkinotaugliche Beamer in der Zwischenzeit auch für den „normalen“ Heimkinofan erschwinglich geworden waren, erfuhr Gary kurz darauf, als er zufällig auf einen Werbeprospekt stieß, in dem aktuelle Heimkinoprojektoren vorgestellt wurden. Statt des zunächst erwarteten horrenden Kaufpreises sollte ein Projektor schon für unter 5.000 US Dollar zu haben sein, womit er günstiger als ein 42-Zoll-Plasma war.

Gut gelöst
Der erste Schritt auf dem Weg zum perfekten Kino war die Konstruktion der Seitenwände, wobei hier gleich die ersten Probleme zu lösen waren. So kam es, dass zunächst der für die Hausversorgung zuständige Wasserboiler einen neuen Platz finden musste. Gleichzeitig mussten einige Rohrleitungen verkleidet werden. Aus der Not eine Tugend machend, entstanden so die ersten Applikationen, die das Star Trek-Kino von Gary R. so einzigartig machen.

Ein letztes Mal
Gary R. setzt das letzte von insgesamt 56 Wandpanels ein. Auch diese entstanden in kompletter Eigenarbeit und sind den Wandelementen der U.S.S. Enterprise bis ins kleinste Detail nachempfunden.

Lichtsteuerung
Die verschiedenen Lichtkreise werden über die vier Schalter neben der Eingangstür gesteuert. Neben einem weiteren „Blindschalter" befindet sich hier noch genügend Platz, um weitere Steuerelemente unterzubringen.

Sternenfenster
Die jeweils passgenau eingesetzten Plexiglasscheiben sind rückseitig mit schwarzer Farbe bestrichen. Anschließend bohrte Gary R. vorsichtig mehrere Löcher in die bestrichene Seite, ohne dabei zur Vorderseite durchzubohren. Hinter der Scheibe befindet sich eine kleiner Schacht, der mit einer Lampe bestückt ist.

Modell

Bevor es an den Bau des Kellerkinos ging, entwarf Gary R. ein Modell des zukünftigen Objekts. Peinlich genau hielt er sich an seine eigenen Vorgaben, die er zuvor bis ins kleinste Detail geplant hatte.

Planung und Umsetzung

Nach diesen guten Nachrichten stand der Realisation des Heimkinotraums nichts mehr im Wege. Da das Kino in Sachen Optik und Bild- und Tonqualität perfekt werden sollte, informierte sich Gary anschließend in verschiedenen Magazinen und Internetforen darüber, wie er die Sache anzugehen habe und welche Fehler unbedingt zu vermeiden sind. Eine große Hilfe war ihm dabei unter anderem eine der größten Audio- und Videoplattformen, www.avsforum.com, von der er viele wertvolle Informationen erhielt. Als wichtigsten Punkt spezifizierte Gary nun sein Budget, welches 16.000 US Dollar für die komplette Ausstattung inklusive Elektronik nicht übersteigen durfte. Eine eher geringe Summe für ein solches Mammutprojekt – und so viel sei vorweggenommen: Es hat funktioniert! Im Dezember 2002 ging es an die Detailplanung, wobei der Familienvater mit dem Bau eines kleinen, maßstabgetreuen Modells des späteren Kinos startete. Dabei stellte sich heraus, dass die großzügig gestaltete Einrichtung des Kontrollraums

DVD-Regale
Als einfach und effektiv erwies sich die Entscheidung, die DVD-Regale und Zuspielgeräte stilecht in die Seitenwände zu integrieren. Der perfekte Look entstand letztlich durch die abgerundeten und lackierten Holzrahmen, die einen perfekten Abschluss bilden.

Detaillösung

Space-lights

Aus etwas Holz, günstigen Leuchtmitteln und ein bisschen Farbe entstanden die ungewöhnlichen, aber extravaganten Decken- und Wandbeleuchtungen, die der der U.S.S. Enterprise originalgetreu nachempfunden wurden.

1 In das runde Holzstück wurde zunächst mittig ein im Baumarkt erhältliche fluoreszierende Deckenleuchte eingesetzt. Zudem kommen acht Halogenstrahler in gleichen Abständen zueinander im Außenring der Konstruktion unter. Zwischen die Strahler setzte Gary R. kleine, selbst gefertigte Holzstücke, die die Lampe größer erscheinen lassen sollen.

5 Um echtes Star Trek-Feeling ins Kino einziehen zu lassen, entschied sich der Amerikaner, das Logo der Enterprise nachzubauen.

der Planung zugute kam und sich perfekt auf den vorhandenen Raum adaptieren ließ. Der gewohnte Umgang mit den verschiedenen Werkzeugen und Materialien ließ den Bau des Kinos dann schnell voranschreiten, auch wenn es bis November 2003 dauern sollte, bis die ersten Bilder über die Leinwand flimmerten. Dann nämlich traf der bestellte Sony-Beamer endlich ein. Dennoch war das Kino zu diesem Zeitpunkt noch nicht fertig, denn noch waren einige, zeitaufwendige Details zu lösen, die den ohnehin schon außergewöhnlichen Filmpalast einzigartig machen sollten. So dauerte es noch ein weiteres Jahr, bis Gary R. im Dezember 2004 seinen Filmpalast eröffnen konnte.

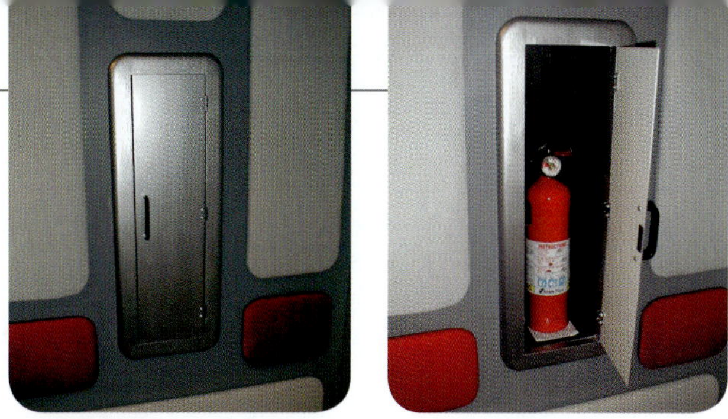

Staufächer
Man weiß ja nie: Feuerlöscher und Knabberzeug kommen in den verschiedenen Staufächern unter, die in die Seitenwände integriert wurden.

Zugang
Der Drang zur Perfektion bezieht sich nicht nur auf das Kino, sondern auch auf den Weg dahin. So ist schon der Zugang zur Kontrollbrücke originalgetreu nachgebaut. Selbst eine Tastatur zur Eingabe des Zugangscodes ist neben der Tür angebracht.

ls Basis dient eine 15 Millimeter starke F-Platte, die nach Abschluss der Installonsarbeiten mit silberner Metallicfarbe rstrichen wurde.

3 Mittlerweile ist die Konstruktion zusammengesetzt und unter der Decke montiert. Nach kurzer Zeit fiel dann allerdings auf, dass die mittlere Leuchte Störungen im Infrarotsystem verursachte.

4 Um das Problem zu lösen, ersetzte Gary R. die fluoreszierende Lampe durch eine konventionelle Deckenleuchte mit einer etwas tieferen Glasabdeckung.

s entstand aus 15 Millimeter starkem MDF-Holz, ches rückseitig mit kleinen Öffnungen versehen

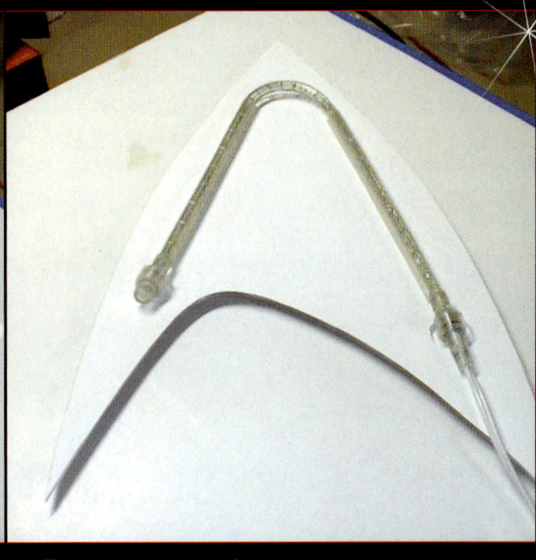

7 Das mittlerweile weiß lackierte Logo musste nun nur noch rückseitig mit einem kurzen Lichterschlauch

8 Ganz einfach: Nachdem auch die Vorderseite mit den entsprechenden Details versehen wurde,

Bar, Foyer, Riesenkino:
das private Lichtspielhaus der Superlative

Salino Kino

Ausstattung

- Projektor: JVC DLA-HD1 (Full HD)
- Leinwand: Steward 16:9-Rahmenleinwand (3,50 x 1,97 m)
- AV-Verstärker: Pioneer SC-LX90 „Susano“
- Blu-ray-Player: Pioneer BDP-LX91
- HD-DVD-Player: Toshiba HD-XE1
- Lautsprecher: Canton (LE-, Ergo, InWall)
- Subwoofer: Nubert nuLine AW-1000

Filmbilder:
„Chicago"
Blu-ray von Studiocanal

Text: Roman Maier / Fotos: Philipp Thielen

In der Heimkinogemeinde ist es ein Mythos, doch bislang hat es kaum jemand je zu Gesicht bekommen. Kein Wunder also, dass ich dem Besitzer eines der weltweit schönsten Heimkinos bereits jahrelang auf der Spur war, bis ich endlich den entscheidenden Hinweis bekam.

Manches dauert länger – und gerade dann, wenn man schon fast nicht mehr daran glaubt, klappt es doch! Kein Wunder also, dass meine Freude riesengroß war, als ich die E-Mail mit der Besuchszusage und einem Terminvorschlag für einen Besuch der vielleicht aufwendigsten Heimkino-Installation Europas erhielt. Denn auch wenn ich bislang schon eine satte dreistellige Zahl an Privatkinos vor Ort besichtigen durfte, sollte die Visite im Salino-Kino auch für mich ein besonderes Highlight sein.

Bar & Raritätensammlung

In Meerbusch, einem Städtchen vor den Toren Düsseldorfs angekommen, werden mein Fotograf Philipp und ich sogleich herzlich von Jost, seiner Frau Marina und Sohn Julian empfangen und in das geschmackvoll eingerichtete Einfamilienhaus der Familie gebeten. Nach der Begrüßung und dem Hinweis, dass sich das Objekt meiner Begierde im Untergeschoss befindet, geht es gleich los. So begegnet mir das erste echte Highlight bereits, nachdem ich die breiten Treppen hinabgeführt und von einer rund 2,20 Meter großen King-Kong-Figur begrüßt werde, die ihren Platz direkt neben dem Treppenaufgang hat. Von hier gelange ich in den etwa 50 Quadratmeter großen Bar- und Foyerbereich, in dem der Gastgeber kalte Getränke bereithält und mir eine ausgiebige Hausführung anbietet. Doch bevor ich dieses Angebot annehme, schaue ich mich erst einmal hier um, schließlich gibt es schon hier jede Menge Aufregendes zu sehen. Neben den gemütlich erscheinenden Sitzecken, in denen zwei große Bartische inklusive Lederbank und lederbezogenen Barstühlen sowie ein Bistrotisch mit Cocktailsesseln zu einer längeren Verweildauer einladen, fällt mir die nostalgische Popcorn-Maschine auf, die Platz an einer geräumigen und repräsentativen Stelle im Barbereich gefunden hat und die ich in dieser Form noch in keinem Privatkino begutachten durfte. Gleich nebenan entdecke ich den großzügig dimensionierten Thekenbereich, hinter dem sich neben einem geräumigen Kühlschrank auch ein ausreichender Vorrat verschiedenster Getränkesorten und Süßigkeiten befindet, die uns sogleich angeboten werden. Der absolute Höhepunkt dieses stilvoll eingerichteten Platzes ist aber zweifellos der geräumige, auf Maß geschnittene Vitrinenschrank, in dem Jost S. ein wahres Arsenal der schönsten, ausgefallensten und seltensten Sammlerboxen sowie einer stattlichen Anzahl limitierter Special-Editions auf DVD und Blu-ray aufbewahrt. Diese Kollektion ist so beeindruckend, dass selbst mir als eifrigem Sammler die Spucke wegbleibt. Kein Wunder, finden sich doch hier die seltensten Raritäten, deren Existenz selbst mir bis zu diesem Zeitpunkt verborgen geblieben war.

Auf den bequemen, ledernen Sitzgelegenheiten lässt es sich aushalten. Kein Wunder, dass die Gäste des Salino-Kinos sich hier gern gemütlich einrichten und so manche Filmsession zur Nachtschicht machen

Filmplakate & Cine-WC

Nach einer ausgedehnten Verweildauer in der Bar werde ich auf die weiteren Räumlichkeiten des Meerbuscher Filmreiches neugierig, von denen in der Heimkinogemeinde immer wieder berichtet wird. So führt mich der sympathische Besitzer zunächst durch einen schmalen Gang, in dem ich an einigen Filmpostern und zwei stattlichen Regalen vorbeilaufe, die als Aufbewahrungsort der riesigen TV-Serien-Sammlung dienen. Bei genauerem Hinsehen enthüllt sich mir dann die gesamte Komplexität dieser Kollektion, erhebt sie doch Anspruch auf absolute Vollständigkeit. Will sagen, halbe Serien bzw. einzelne Staffeln wird man auch nach längerer intensiver Suche nicht finden, sondern ausschließlich vollständige Seriensammlungen auf Blu-ray und DVD. Das Highlight sind dabei sicher die Serien, deren sichtbare Rücken ein einheitliches Gesamtbild ergeben, so dass das Fehlen einer einzelnen Staffel sofort auffallen und die Kollektion in den Augen des peniblen Sammlers ad absurdum führen würde. Nun aber weiter im Text und weiter den Flur entlang, an dessen Ende ich rechts abbiege und ein weiteres Mal verblüfft stehen bleibe. Kein Wunder, denn nun befinde ich mich im wahrscheinlich cineastischsten Gäste-WC Deutschlands. Neben gerahmten Filmpostern und einer stattlichen Batman-Büste, die in fast jedem anderen Heimkino bereits etwas Besonderes darstellen würden, hat dieses stille Örtchen noch eine weitere Besonderheit zu bieten: So können die hier integrierten Deckenlautsprecher per Knopfdruck aktiviert werden, die die Toninformationen aus dem Kino direkt in diesen rund sieben Quadratmeter großen Raum liefern und dafür sorgen, dass man auch während des Toilettenbesuchs nichts vom Hauptfilm verpasst. Auf dem Weg zurück schreiten wir erneut durch den eben erwähnten schmalen Gang, in dem mir nun ein weiteres Detail auffällt. So fällt mein Blick diesmal auf einige äußerst seltene Filmposter sowie auf eine Ausgabe der Gotham Times, die ihren Platz direkt gegenüber der Serien-Kollektion findet.

Die umfassende TV-Serien-Sammlung benötigt zwei riesige Regale

Der Bauherr hat tatsächlich an alles gedacht. So wird einem selbst im Gäste-WC verdeutlicht, dass man sich in einem echten Kinoparadies befindet. Übrigens wird der Filmton aus dem Kino direkt auf das stille Örtchen übertragen

Foyer & Filmarchiv

Am Ende des Weges angekommen, biegen wir nun scharf rechts ab. Die Kordel vor dem Zugang und das beeindruckende „Salino-Kino“-Leuchtschild über dem Durchgang lassen bereits erahnen, dass die heiligen Hallen ganz nah sind. So ist es auch, und schon nach wenigen Schritten befinden wir uns in dem dunkel gehaltenen, rund 10 Quadratmeter messenden Foyer, in dem unserem Fotografen Philipp zunächst der Schreck durch Mark und Bein fährt. Verantwortlich dafür ist die bedrohlich wirkende, lebensgroße Darth-Vader-Figur, die die Pforte zum Vorführraum zu bewachen scheint. Ja richtig gelesen, hier gibt es tatsächlich – einen zwar kleinen, aber feinen – Raum, der ausschließlich der Zuspiel- und Verstärkerelektronik Unterschlupf bietet. Das kleine Sichtfenster sowie ein Vorschaumonitor erleichtern die Einstellkontrolle und helfen auch mir, einen ersten Blick ins Lichtspielhaus zu werfen. Doch bevor mein Weg ins innerste dieses Kinoreiches führt, erweckt ein weiteres Highlight meine volle Aufmerksamkeit. Zunächst nicht als solche erkennbar, stehe ich nun vor der imposanten Filmsammlung des Rheinländers, deren ganzes Ausmaß mir erst bei genauerem Hinsehen bewusst wird. Jetzt nämlich entdecke ich, dass es sich keinesfalls um ein einzelnes Regal, sondern um ein aus mehreren deckenhohen Schiebe-Elementen bestehendes Archiv handelt, welches man aus Museen, Büchereien und Apotheken kennt. Diese Menge an Stauraum wird auch benötigt; schließlich finden sich rund 6.000 Blu-rays, DVDs und HD DVDs in den Regalfächern des Filmenthusiasten, die sich zum Teil schon bedrohlich durchbiegen. Hier kommen wir noch einmal auf den Beginn der Filmleidenschaft unseres Gastgebers zurück, der bereits in seiner Kindheit regelmäßig das örtliche Lichtspielhaus besuchte. Manchmal sogar bis zu vier Mal an einem Wochenende, wobei er sich einmal einen James-Bond-Film gleich dreimal hintereinander an einem Tag anschaute. „Als sich die Videokassette durchsetzte, begann ich mit dem Aufbau einer eigenen Filmsammlung, die anfangs ausschließlich aus mitgeschnittenen TV-Filmen bestand. Mit dem Kauf der Fantomas-VHS fand die erste Kauf-Kassette den Weg in meine Sammlung, die zu Spitzenzeiten 350 bis 400 Filme umfasste.“ Mit dem Erwerb des ersten DVD-Players ließ sich der leidenschaftliche Filmfan, trotz harter eigener Vorgaben, nicht allzu lange Zeit. Er versprach seiner Frau Marina, erst dann einen DVD-Player zu kaufen, wenn es ihren Lieblingsfilm „Matchmaker“ zu kaufen gäbe. In dieser Hinsicht schien Geduld nicht Salinos Stärke zu sein, so der Jugendspitzname des Kinobesitzers, der Player und Film sofort bestellte, als dieser in den USA erhältlich war, und so den Grundstein seiner heute stattlichen Filmkollektion legte.

Da staunt selbst der erfahrene Redakteur: Das riesige Archiv des Meerbuscher Filmenthusiasten umfasst derzeit knapp 6.000 Filme. Diese werden in riesigen Schieberegalen aufbewahrt, was jede Menge Platz spart und die Übersichtlichkeit wart

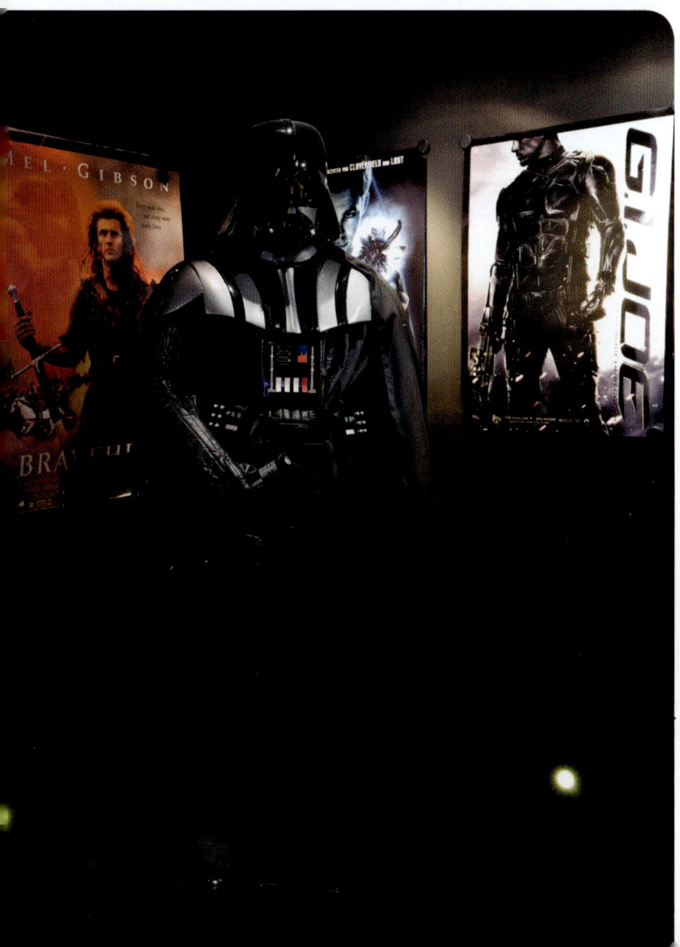

Der Kinosaal

Eigentlich dauern Kinobesuche rund drei bis dreieinhalb Stunden, doch diese Zeit ist längst überschritten, bevor wir das Allerheiligste überhaupt zu Gesicht bekommen. Doch jetzt ist es endlich so weit und mein Gastgeber öffnet stolz die Tür zu seinem Filmparadies. Jetzt eröffnet sich mir die ganze Pracht des Salino-Kinos, das, wie für echte Lichtspielhäuser üblich, über ein zur Stirnseite verlaufendes Gefälle verfügt. So genießt der Gast auf jedem der 15 auf drei Sitzreihen verteilten Polstersessel perfekte und ungeingeschränkte Sicht auf die Projektionsfläche. „Obwohl ich schon immer von einem eigenen Filmpalast geträumt habe, musste ich mangels passender Räumlichkeiten zunächst auf ei-

nen dedizierten Heimkinoraum verzichten. Als ich das Homecinema meines Schwagers besuchte, wurde mein Feuer fürs Thema Heimkino neu entfacht, und der Wunsch für einen separaten Filmpalast kam wieder auf. Da ich zur gleichen Zeit über den Bau eines eigenen Hauses nachdachte, wurde die Integration eines großzügig gestalteten Kinos kurzerhand eingeplant. Hier wollte ich keinerlei Kompromisse eingehen, weshalb die Einrichtung des Salino-Kinos erst nach der vollständigen Hauseinrichtung und dem Einzug angegangen werden konnte. Bei der Installation mussten bestimmte Vorgaben umgesetzt werden. Zum einen sollte ein großzügig gehaltener Frontbereich mitsamt großflächiger Leinwandbühne entstehen. Dabei sollte die Projektionsfläche wie im echten Kino tiefer als der Eingang liegen. Zum anderen musste die gesamte Kulisse ausreichend Platz bereithalten, um auch als Bühne für die aus fünf Mitgliedern bestehende Band „Opposites Attract" meines Sohnens Julian zu dienen. Ein zweiseitiger Treppenaufgang und ein Durchgang hinter der letzten Sitzreihe, inklusive größerer Ablagefläche, waren ebenfalls Pflicht. Du glaubst gar nicht, wie häufig wir hier oben stehen, unser Bierchen abstellen, uns die Beine vertreten und Teile des Films oder das Fußballspiel von hier genießen", erklärt mir Jost S., als ich, auf das perfekt illuminierte Heimkino meines Gastgebers blicke. Der Grund für den Glanz, in dem das Salino-Kino erstrahlt, ist schnell im Einsatz der pfiffigen Lichtsysteme gefunden. Mittels seitlich eingelassener, dimmbarer und farblich veränderbarer Lichtflächen, kinoüblicher Downlights, eines Sternenhimmels sowie akkurat verlegter Lichtstreifen, deren Illumination ausreicht, um die breiten Treppenaufgänge auch während der Vorführung sicher zu passieren, kann Jost S. nahezu jede Art von Lichtszenario kreieren, das man aus größeren CinePlex-Sälen kennt.

Vorhang auf!

Nachdem ich das Kino vollständig inspiziert habe, folgt der Augenblick, auf den ich schon so lange gewartet habe: Meine erste Vorführung im Salino-Kino! Für das perfekte Bild- und Sounderlebnis bietet mir mein Gastgeber sogar seinen Referenzplatz an, also den Sitzplatz, auf den das gesamte System abgestimmt ist. Dieses Angebot kann ich natürlich nicht ablehnen. Kaum habe ich Platz genommen, dimmt die Beleuchtung sanft herunter, während der sich lautlos öffnende schwarze Vorhang den Blick auf die 3,50 Meter breite Leinwand freigibt. Nun wird mir „Stirb Langsam 4.0" auf knapp sieben Quadratmetern Bildfläche in einer Qualität geboten, wie ich sie bislang nicht allzu oft erleben durfte. Verantwortlich dafür ist das präzise Werk des kalibrierten JVC-Beamers, der mir den Bruce-Willis-Blockbuster in gestochen scharfer Full-HD-Qualität liefert. Dabei wirkt die Bilddarstellung niemals überzogen oder überscharf, sondern bleibt zu jeder Zeit authentisch. Besonders hervorzuheben ist dabei die Darstellung dunkler Filmsequenzen, in denen Schwarz schwarz bleibt und zu keiner Zeit in ein schmieriges Grau abdriftet. Doch es kommt noch besser, denn neben der nahezu perfekten Videoperformance werden auch meine Ohren durch eine umschmeichelnde Surroundkulisse und eine perfekte Klangbühne im Frontbereich verwöhnt.

Und zwar so sehr, dass es mich in der ersten Actionszene, in der John McClane und der Hacker Matthew Farrell in Farrells Wohnung angegriffen werden, gleich ins Geschehen zieht. Das ist keinesfalls übertrieben, denn neben der erwähnten Effektkulisse und der unglaublich knackigen Gruntonwiedergabe erlebe ich, wie präzise und leibhaftig drei perfekt eingestellte Buttkicker zu Werke gehen können. Mein Sitz wird mit jedem Schuss und jeder Explosion – natürlich abhängig von Größe und Wucht des Geschosses – in Schwingung versetzt, was mich Teil der Handlung werden lässt und mir so viel Spaß bereitet, dass ich im Anschluss daran zwei weitere Szenen dieses Blockbusters fordere. Nachdem mir mein Gastgeber diese Wünsche erfüllt, würde ich jetzt am liebsten den kompletten Film sehen. Dann würde ich jedoch das zweite Schmankerl verpassen, das Jost in Form der Anfangsszene des Actionkrachers „Transformers“ für mich bereithält. Jetzt nämlich schält die hier eingesetzte Pioneer-Canton-Kombination den Angriff des vom Hubschrauber zum Decepticon „Blackout“ transformierten Angreifers auf dem amerikanischen Luftwaffenstützpunkt so realitätsgetreu heraus, dass mir die einschlagenden Raketen durch Mark und Bein gehen. Zugleich wird einmal mehr deutlich, wie viel Spaß ein eigenes Heimkino machen kann, und dass sich der Aufwand allemale lohnt. Und obwohl ich diese Passage bereits Dutzende Male gesehen habe, wird mir nach Abschluss der Kampfhandlung und der langsam schwindenden Verkrampfung meiner Hände, die sich fest in die Polsterlehnen meines Sitzplatzes gegraben haben, erst richtig bewusst, wie tief mich die perfekte Performance dieses Setups tatsächlich in den Michael-Bay-Blockbuster eintauchen ließ.

Fazit

Das Salino-Kino ist kein Mythos, sondern zweifellos eines der besten, schönsten und interessantesten privaten Lichtspielhäuser der Welt. Zu dieser Meinung muss man einfach gelangen, wenn man, wie ich, einmal das Privileg genießt, hier zu Besuch sein zu dürfen. Kein Wunder, denn was ich hier sehen und erleben durfte, ist mit bloßen Worten kaum zu beschreiben. So hat es der sympathische Bauherr geschafft, meine sehr hohen Erwartungen locker zu übertreffen und hat mir einen Heimkinonachmittag bereitet, an den ich sicher noch sehr lange zurückdenken werde. Auch dem stolzen Gastgeber scheint der Plausch unter Heimkinofreunden gefallen zu haben. Nicht anders ist zu erklären, warum er uns zu einer in Bälde stattfindenden Filmsession eingeladen hat. Ich freue mich schon jetzt darauf ...

Interview mit Jost S.:

Jost, mit dem Bau des Salino-Kinos hast Du Dir den Traum vom eigenen Kino in beeindruckender Weise erfüllt. Mehr als das, denn mit Bar, Foyer, Vorführraum und Cine-WC hast Du Dir ein komplettes Heimkino-Himmelreich geschaffen. Welche Vorstellungen hattest Du, als Du das Projekt angegangen bist?

Im alten Haus hatte ich mir ein Wohnzimmerkino eingerichtet. Den Beamer musste ich erst aus einem Möbel hervorholen und die Leinwand runterfahren. Also lag der Wunsch nach einem permanent eingerichteten Kino sehr nahe. Zu Beginn der Arbeiten, war nur klar, ich wollte Sitzreihen mit ausreichendem Höhenunterschied, damit auch große Leute kein Problem im Kino haben sollten. Unter Mitwirkung von Schreiner, Elektriker und Teppichleger sind immer neue Ausstattungsdetails hinzugekommen.

Neben dem beeindruckenden Kinosaal ist die in der Bar befindliche Sammlung seltener und limitierter DVD- und Blu-ray-Boxen ein absolutes Highlight. Auf welche Stücke bist Du hier besonders stolz und was fehlt noch in Deiner Sammlung?

Besonders stolz bin ich auf die Holzbox mit dem Film „Spiel mir das Lied vom Tod“. Denn die hat Ennio Morricone höchstpersönlich unterschrieben. Die Box habe ich vor Jahren bei einer Charity-Auktion ersteigert. Der Alien-Kopf macht sich auch sehr gut ein meiner Sammlung. Dieser Kopf war eines der Highlights einer Alien-Nacht im Kino meines Schwagers. Was noch fehlt, kann ich schlecht sagen. Ich möchte aber in Zukunft vermehrt Film-Replikas sammeln und in den Vitrinen ausstellen.

Großes Filmbild in hervorragender Qualität, exzellenter Klang und die unschlagbare Kino-Atmosphäre machen aus Deinem Salino-Kino ein privates Lichtspielhaus der Superlative. Sicher kannst Du Dich vor Besuch kaum retten. Wie oft hast Du Freunde und Familie für eine längere Filmsession zu Besuch und wie sieht ein solcher Kinoabend dann aus?

Stimmt. Unser Kino wird schon recht häufig genutzt. Ob es meine Tochter mit Klassenkameraden war oder mein Sohn, der mit seinem Zivildienstkollegen und dem jungen querschnittsgelähmten Mann, den sie betreuten, gemeinsam einen Film ansahen. Mit allen Handwerkern, die am Bau des Kinos beteiligt waren, habe ich ebenfalls einen Kinoabend gemacht. Nach dem Film wird immer noch an der Bar gesessen und über den Film gequatscht. Ich erinnere mich noch an den Besuch eines weitläufigen Bekannten, der freischaffender Kameramann beim ZDF ist und das Kino aus „beruflichem“ Interesse sehen wollte. Wir sahen den Film „Sin City“. Anschließend hatten alle das Bedürfnis über den Film zu reden. Der erste Film im Kino war „Hui Buh“ am 23.12.2006 mit Frau und Kindern. Im ersten Jahr habe ich noch eine Statistik über die Kinobesuche geführt. Ergebnis: in 183 Filmen waren 463 Plätze besetzt. Die meisten Filme habe ich mit 103, gefolgt von meinem Sohn mit 79 Filmen, gesehen.

Eine Hommage ans fast vergessene Programmkino

Lumière-Theater

Ausstattung

- Projektor: JVC DLA-X30 (Full HD + 3D)
- Leinwand: 21:9-Selbstbau-Rahmenleinwand (3,00 x 1,28 m)
- AV-Vorverstärker: Onkyo PR-SC886
- Endstufe: 5 x Crown XLS402D
- BD-Player: Sony Playstation 3, Pioneer BDP-51FD
- HD-DVD-Player: Toshiba HD-EP35
- Lautsprecher: Canton THX-S10 (13.3-Konfiguration)
- Subwoofer: KCS C-218A + 2 Canton THX-S10
- Sub-Endstufen: Pioneer AX-10

Filmbilder:
„Aviator“ –
Blu-ray von Studiocanal

Text: Roman Maier / Fotos: Lars Brinkmann

Der Mann ist gelernter Fotograf und passionierter Filmfan: Was liegt da näher, als sein schickes, im Stil vergangener Zeiten gehaltenes Privatkino nach den beiden Urhebern des Cinematographen, den Brüdern Lumière zu benennen?

Es klingt zunächst schier unglaublich, aber Michael R.s Filmleidenschaft begann bereits im Alter von nur vier Jahren. „Damals nahm mich mein Vater erstmals in einen Louis-de-Funès-Film mit ins Kino. Das riesige Bild begeisterte mich schon damals so sehr, dass ich von dieser Zeit an regelmäßig in das örtliche Kino ging", antwortet Michael R. auf die Frage, wie er denn zu seinem Hobby gekommen ist. Doch es kommt noch besser.

Evolutionsstufe 1: Das Rohrkino

„Mit zwölf Jahren bekam ich einen Super-8-Projektor geschenkt, welcher die Grundlage für mein erstes eigenes Kino schaffte." Dieses betrieb der Hamburger in einem Kellerraum seines damaligen Elternhauses. Der Clou war die Riesenleinwand, die mit drei Metern sogar die Zimmerbreite übertraf und nur bei geöffneter Tür genutzt werden konnte. Und als wäre dies nicht genug, verlief hier sogar noch ein Heizungsrohr durch den oberen Bildrand, worauf Michaels Freunde das kleine Lichtspielhaus „Rohrkino" tauften.

Evolutionsstufe 2: Das Café-Kino

Einige Jahre später stand dann der Einzug in die erste eigene Wohnung an, welche aufgrund ihrer ungewöhnlichen Aufteilung und mit dem gemütlichen Erker eher an ein Café erinnerte. So zumindest wurde Michael R. die Wohnung bei der ersten Besichtigung beschrieben. Und natürlich musste auch hier ein eigenes Kino entstehen, wobei der Erker mit Blick auf die Elbe als Behausung der großen Rolloleinwand diente.

Evolutionsstufe 3: Das Lumière-Theater

Im Jahre 2001 erfolgte der Umzug in die heute bewohnte Altbauwohnung im Hamburger Schanzenviertel, in die uns unser Weg heute führt. Hier fand der selbstständige Fotograf perfekte Gegebenheiten für sein mittlerweile drittes Kino vor, was die Entscheidung für einen Umzug deutlich erleichterte. Kein Wunder, denn wie bei vielen anderen Heimkinofans war die Möglichkeit zur Unterbringung eines kleinen Kinos ein absolutes Muss bei der Suche nach einer neuen Wohnung.

Schon im Atelier des selbstständigen Fotografen wird der Besucher auf das bevorstehende Filmerlebnis eingestimmt. Dafür sorgen der bequeme Doppelsitzer und der auf dem Tisch befindliche Programmaufsteller

Die Technik: Sämtliche Zuspieler und Verstärker befinden sich im Glasrack, das direkt rechts neben dem KCS-Monsterwoofer untergebracht wurde

Interview mit Michael R.:

Michael, mit Deinem Lumière-Theater hast Du Dir den Traum vom eigenen Kino verwirklicht und ein urgemütliches Lichtspielhaus im Charme längst vergangener Zeiten geschaffen. Was waren für Dich die wichtigsten Punkte, die auf jeden Fall umgesetzt werden mussten?

Es ging mir vor allem darum, den Charme der klassischen Kinos aus den 30er- bis 60er-Jahren mit der aktuellen Technik von heute zu verbinden. Die Bild- und Tonqualität wollte ich exakt so erleben wie in einem THX-lizenzierten Kino. Darüber hinaus hab ich das Kino weitgehend mit Doppelsitzern ausgestattet, sogenannten „Lovechairs". Ich finde es viel gemütlicher, mit meiner Freundin unmittelbar nebeneinander einen Film erleben zu können oder mich auch mal allein so richtig schön in den Sitz fläzen zu können. Auf eine Couch wollte ich verzichten, nicht aber auf die Bequemlichkeit, die Einzelsitze meiner Meinung nach nur selten bieten.

Du bist Besitzer einer Playstation 3 und setzt voll auf Full-HD und Blu-ray. Was, außer der gesteigerten Bildqualität, begeistert Dich an diesem Medium?

Die „Im-Bild-Funktion" finde ich sehr angenehm. Dadurch ist es möglich, auf Extras von Filmen zuzugreifen, Einstellungen zu verändern oder die Lieblingsszenen anzuwählen, ohne den Film unterbrechen zu müssen. Die WLAN-Funktion bietet darüber hinaus vielfältige Möglichkeiten, aktuelle Infos über einen Film zu erhalten, die aus zeitlichen Gründen den Weg auf die Disk nicht finden konnten.

Als wir Michaels Lumière-Kino dann betreten, werden unweigerlich Kindheitserinnerungen in mir wach und ich sehe das kleine Dortmunder Vorstadtkino vor mir, welches ich jeden Sonntag besuchte, um mein soeben erhaltenes Taschengeld gegen Tickets für die x-te Godzilla-Wiederholung einzutauschen. Die kleine Bühne, der schwer fallende Vorhang, der den Blick auf die riesige Leinwand erst zu Filmbeginn freigibt, die bequemen Polstersessel, der dunkle Holzboden und der in Falten gelegte dunkelblaue Bezugsstoff an den Wänden – hier erinnert wirklich alles an die kleinen, urgemütlichen Programmkinos, von denen es heute leider nur noch ganz wenige gibt.

Der Charme vergangener Tage

„Von Anfang an war es mein Ziel, den Charme älterer Kinos einzufangen, weshalb sich dieser Raum mit seinem gut erhaltenen Holzboden als perfekte Lösung herausstellte", erklärt uns der Filmfan und fügt an: „Da von Beginn an klar war, dass hier drei Sitzreihen unterkommen sollten, fing ich mit dem Bau der zweistufigen Unterkonstruktion an. Kurz darauf entstand das seitlich montierte DVD-Regal, das zunächst aus einfachen Hama-Trägern bestand und meine etwa 100 Titel umfassende Sammlung aufnahm. Da sich dieser Bestand innerhalb kurzer Zeit um ein Mehrfaches erhöhte, entschied ich mich, hier stabile Holzregale einzusetzen, die hinter einem dunkelblauen Vorhang verschwinden und weder Lichtreflexionen zulassen noch das durchgängig homogene Gesamtbild stören".

Leinwandbühne

Kurz darauf entstand die riesige Leinwandbühne, in der sowohl die gesamte Technik als auch der monströse Subwoofer unterkamen, den Michael R. aus einem geschlossenen Großraumkino erstand. Dieser mit gleich zwei 18-Zoll-Treibern bestückte Bassbolide gab letztlich die Bauhöhe der gesamten Konstruktion vor, sollte er doch unbedingt im Frontbereich unterkommen. Der Clou ist jedoch der elektrisch betriebene Vorhang, welcher erst auf Knopfdruck einen Blick auf die drei Meter breite, ebenfalls im Selbstau entstandene Rahmenleinwand freigibt. Hier durften sich Michael und Claudia über die Unterstützung einer Freundin freuen, die die schönen Vorhänge anfertigte und noch eine tolle Idee hatte: So sind die beiden aufeinandertreffenden Abschlüsse des Vorhanges schwarz abgesetzt und fallen dank der hier eingelassenen Metallstangen schnurgerade, wodurch die Vorhänge zudem als seitliche Maskierung dienen.

Technik

Seine Entscheidung, den Center-Lautsprecher auf die Bühne zu legen, revidierte Michael R. nach einigen Monaten und entschied sich, ihn von der Decke herab auf das Publikum strahlen zu lassen. So kann nun jeder der zwölf Sitzplätze ideal beschallt werden, was sich sehr positiv auf die Dialog- und Detailreproduktion auswirkt. Ähnliches gilt für die beiden THX-zertifizierten Frontlautsprecher der Marke Canton, die ebenfalls auf Trägern zum Einsatz kommen und perfekt auf das Auditorium ausgerichtet sind. Eine kleine Anekdote hat Michael auch noch für uns parat: Berufsbedingt hat es der gelernte Fotograf häufiger mit Prominenten zu tun, die sich in seinem Studio, welches sich im gleichen Haus befindet, ablichten lassen. So u.a. auch mit Bryan Adams und Chris Jagger, die natürlich nicht umhinkamen, das Lumière zu besichtigen. Dieses hatte es vor allem dem Bruder des Rolling-Stones-Frontmanns Mick Jagger so sehr angetan, dass auch er nun den Bau eines Heimkinos im „Lumière-Stil" plant.

Bild- und Soundcheck

Diese Begeisterung können wir gut nachvollziehen, denn uns geht es ähnlich. Die nahezu perfekte Bilddarstellung, die Michael R. aus seinem JVC DLA-X30 zaubert, kann an sich schon als Referenz bezeichnet werden, doch was das Lumière-Theater an Klangqualität zu bieten hat, gehört zum Besten, was wir je zu hören bekamen. Neben der satten und, wenn es sein muss, staubtrockenen Bassperformance wusste uns das hier eingesetzte Soundsystem vor allem durch ein perfektes Surroundfeld zu überzeugen, welches auch nach mehrmaligem Platzwechsel nichts von seiner Qualität einbüßt.

Fazit

Es ist kaum zu glauben, wie nah der Hamburger seinen eigenen Vorgaben kam, dabei eine Hommage an die mittlerweile raren kleinen Programmkinos richtet. Besonders beeindruckend ist die Symbiose aus klassischer Designgebung und kompromissloser Bild- und Tonqualität, die wirklich jeden Filmfan in ihren Bann zieht. Keine Frage, für uns war der Besuch im Lumière-Theater ein echtes Highlight, das wir nie mehr missen möchten!

Hier kommt keine Langeweile auf: Michaels riesige Blu-ray- und DVD-Sammlung umfasst heute mehr als 1.000 Titel

Detaillösung

Ideen muss man haben: die perfekte Detaillösung

Lautsprecher-Anordnung

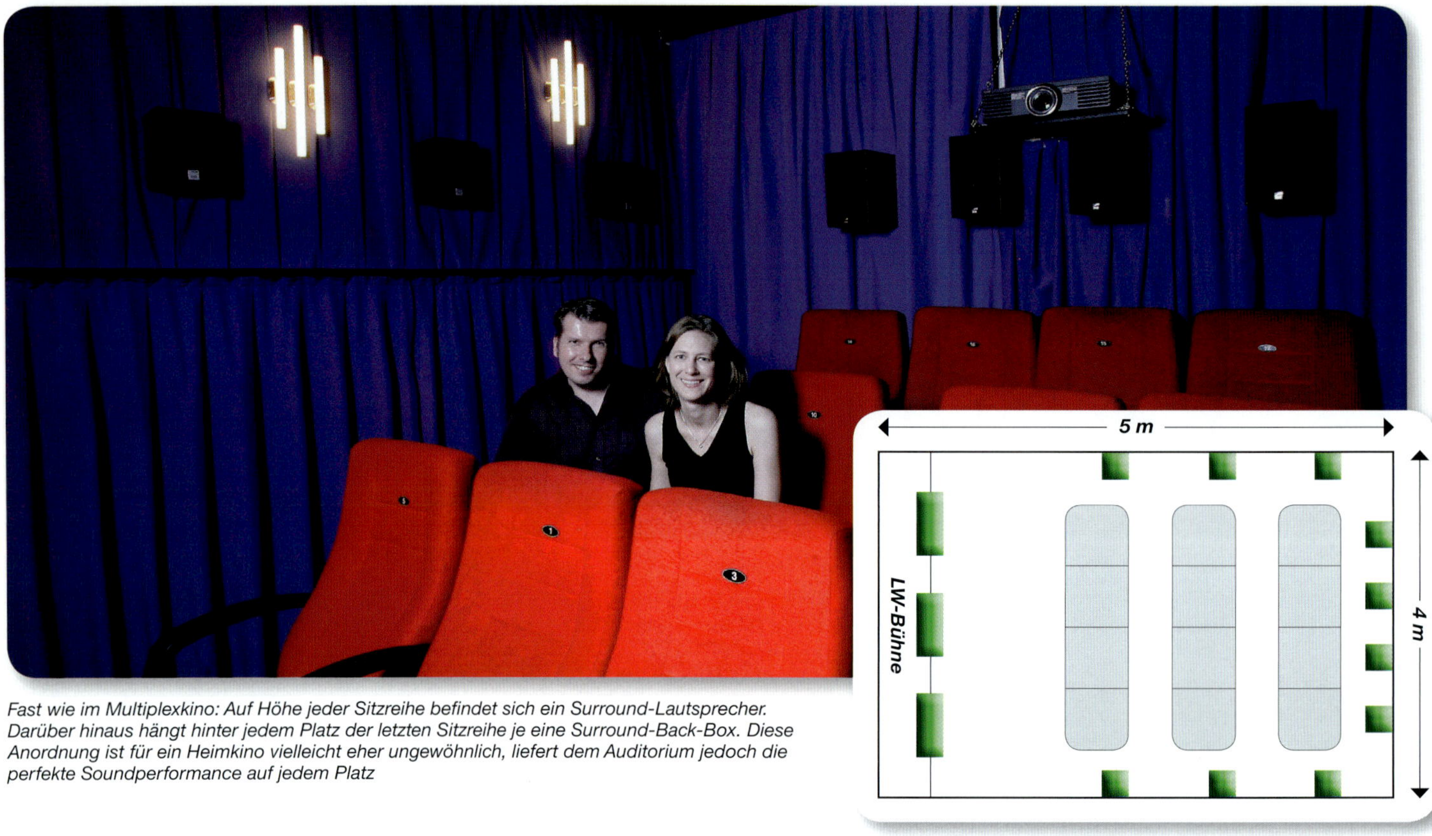

Fast wie im Multiplexkino: Auf Höhe jeder Sitzreihe befindet sich ein Surround-Lautsprecher. Darüber hinaus hängt hinter jedem Platz der letzten Sitzreihe je eine Surround-Back-Box. Diese Anordnung ist für ein Heimkino vielleicht eher ungewöhnlich, liefert dem Auditorium jedoch die perfekte Soundperformance auf jedem Platz

Wie erreichen Multiplexkinos ein durchweg homogenes Klangbild und schaffen es, jeden Sitzplatz in nahezu gleicher Qualität zu beschallen? Ganz einfach, sie installieren auf Höhe fast jeder Sitzreihe ein weiteres Paar Surround-Lautsprecher. Obwohl Michaels Kino lediglich eine Größe von rund 20 Quadratmetern aufweist, entschied sich der Filmfan nach der gleichen Vorgabe vorzugehen und installierte kurzerhand insgesamt 13 Lautsprecher und einen riesigen Subwoofer in seinem zwölf Sitze fassenden Lumière-Theater.

„Natürlich stellt sich zunächst die Frage nach dem Sinn und Unsinn von zehn Surround-Lautsprechern. Die Idee dahinter ist, dass ich alle zwölf Plätze gleichmäßig beschallen wollte, so dass es keine großen Pegelunterschiede mehr gibt. Da auch im großen Kino Lautsprecherarrays genutzt werden, um möglichst vielen Zuschauern ein perfektes Hörerlebnis zu verschaffen, bediente ich mich dieser Technik. Alle Surrounds wurden nach THX-Norm für Aufnahmestudios in 2,01 Meter Höhe installiert. An den Seiten kommen links und rechts neben den einzelnen Sitzreihen Dipole und hinter jedem Platz auf der Rückseite ein Direktstrahler zum Einsatz. Um einen klanglichen Bruch bei den Übergängen zwischen Front- und Surroundboxen zu vermeiden, der bei unterschiedlich hoch angebrachten Lautsprechern entsteht, hab ich auch die Fronts in 2,01 m Höhe angebracht.

Als Backsurrounds verwendete ich nach THX-Empfehlung Direktstrahler. Dafür war es allerdings erforderlich, die zwei Fenster an der Rückseite des Heimkinos mit Holzplatten zu verkleiden, an welche die Lautsprecher dann gehängt wurden. Ein erster Versuch, die Backs so weit wie möglich auseinanderzuhängen, klang in der Praxis wenig räumlich und führte zur Ortung der einzelnen Lautsprecher. Aus diesem Grund hab ich an die Rückwand hinter jeden der vier Sitze einen Lautsprecher gehängt“, erklärt uns der symphatische Hamburger den Hintergrund seiner im Heimkino eher ungewöhnlichen, durchweg kompromisslosen Vorgehensweise.

Die beiden THX-zertifizierten Canton-Frontboxen wurden nach THX-Vorgabe montiert und strahlen aus einer Höhe von 2,01 Metern auf das Publikum hinab

Foyer, Bar und Filmpalast – da werden Heimkinoträume wahr

JoTiMaXX

Ausstattung

- Projektor: JVC HD-ILA550 + ISCO II Vorsatzlinse (Full HD)
- Leinwand: 21:9-Rahmenleinwand (3,15 x 1,35 m)
- AV-Receiver: Pioneer SC-LX83
- Blu-ray-Player: Pioneer BDP-51FD + Sony Playstation 3
- Media-Player: WD TV MEdia Player
- HD-Settop-Box: Kathrein UFS 912
- Lautsprecher: Nubert nuVero 11, nuVero 7 + 2 x Teufel Theater 8 + 2 x System 9-Dipole
- Subwoofer: Nubert AW-950 + Nubert AW-1000
- Sub.-Einmessung: Velodyne SMS-1

Filmbilder:
„Passion Play"
Blu-ray von Studiocanal

Text: Roman Maier / Fotos: Lars Brinkmann

Welcher Filmfan träumt nicht von einem luxuriösen Filmpalast mit Foyer und Kinobar im XL-Format? Tina und Jörg M. haben sich diesen Traum erfüllt und wussten uns durch so manches Ausstattungsmerkmal zu überraschen.

Menden – eine beschauliche Kleinstadt im Sauerland. Hierhin hat es uns auf unserer Leserkino-Besuchstour diesmal verschlagen. Grund dafür ist die imposante Bewerbung, die uns das filmbegeisterte Paar Tina und Jörg M. ein paar Wochen zuvor übersandte. Kaum angekommen, werden wir auch schon sehr freundlich und mit kühlen Getränken und belegten Brötchen empfangen und nehmen auf der Terrasse Platz, auf der uns das riesige „Fantastic Four"-Plakat ins Auge fällt. Noch während wir es uns schmecken lassen, wollen wir wissen, wie es bei den beiden zum Bau eines eigenen Kinos kam. Noch ehe ich meine Frage beendet habe, beginnt Jörg schon zu antworten. „Alles begann, als ich neun Jahre alt war. Auf einem Familienfest führte mein Onkel Cartoons über einen Super-8-Projektor vor und mir war sofort klar, dass ich so ein Gerät auch unbedingt einmal haben musste. Den ersten Schritt zum eigenen Kino machte ich aber erst etwa 20 Jahre später, als ich mir meine erste Surroundsound-Anlage zulegte, deren Klangqualität mich schlichtweg begeisterte. Als mittlerweile treuer HEIMKINO-Leser erfuhr ich zu diesem Zeitpunkt dann von der Existenz der LaserDisk und legte mir umgehend einen geeigneten Player zu, dessen Bild- und Tonqualität die meiner inzwischen relativ großen VHS-Sammlung völlig in den Schatten stellte", erklärt der Sauerländer. „Nachdem ich mir in den folgenden Jahren noch einen Projektor sowie ständig neue Elektronik zulegte, bot sich im Jahre 2006 die nicht für möglich gehaltene Gelegenheit, ein dediziertes Heimkino zu bauen."

Die beiden Subwoofer sowie die drei Frontlautsprecher befinden sich hinter schalldurchlässigen Abdeckungen, die links, rechts und unter der Leinwandbühne angebracht wurden und für ein aufgeräumtes Äußeres sorgen

Planung und erste Schritte

Jetzt wurde die zuvor noch vermietete Wohnung im Obergeschoss des Hauses der beiden Mendener frei. Statt diese erneut zu vermieten, machte Tina ihrem Mann den ungewöhnlichen Vorschlag das Mehrkanalsystem aus dem Wohnzimmer zu verbannen und stattdessen ein „echtes" Kino in den nun leer stehenden Räumlichkeiten zu installieren. „Bevor ich es mir noch einmal anders überlegen konnte, begann Jörg umgehend mit der Planung und den ersten vorbereitenden Schritten", wirft Gattin Tina ein, bevor Jörg ergänzt: „Zuerst machte ich mich an die Bearbeitung der beiden Fensterfronten, welche ich durch eine schwarze Stoffbespannung verkleidete, die wiederum auf exakt zugeschnittene Holzrahmen gezogen wurde. Diese ruhen auf der umlaufenden Fensterbank. Nach dem gleichen Prinzip ging ich auch an der anderen Wand vor, was zudem den Vorteil hat, dass ich die Konstruktion mit wenigen Handgriffen entfernen kann, um eventuell nötige Wartungsarbeiten vornehmen zu können."

Die knapp 20 Quadratmeter große Bar ist geschmackvoll eingerichtet und urgemütlich. Aber Vorsicht: Die bequemen Sitze, die kalten Getränke und das angenehme Ambiente lassen einen fast den eigentlichen Grund des Besuches vergessen ...

Filmbilder, Kinoplakate sowie riesige Pappaufsteller stimmen die Besucher auf das bevorstehende Ereignis ein. Auf den großen, unter der Decke befindlichen Sternenhimmel sind Tina und Jörg besonders stolz, zeigt er doch tatsächlich existierende Sternenkonstellationen, die die beiden Mendener in der Sternwarte der Nachbarstadt Dortmund bewundern durften

Komfort geht vor

Frei nach diesem Motto gingen die beiden Filmfreunde auch bei der Installation der teilweise per Funk gesteuerten Zuspielelektronik und Lichtsteuerung sowie der gemütlichen Polstersessel vor. So verwöhnen Letztere nicht nur durch bequemen Sitzkomfort, sondern zudem durch extrabreite Armlehnen und zwei integrierte Getränkehalter pro Platz.

Podest und Bühne

Dann ging es schon an den Bau des Podestes, das aus einer Schachtelkonstruktion aus aufrecht stehenden Holzplatten besteht und so eine extreme Stabilität aufweist. Als nicht minder massiv erweist sich der abgerundete Mittelteil der aus Ytong-Steinen gemauerten Leinwandbühne. Dieser dient als Basis der Gesamtkonstruktion, die sämtliche Frontboxen sowie die beiden Subwoofer beherbergt. Damit diese stets unsichtbar und dennoch jederzeit zugänglich bleiben, entwickelte der Bauherr eine mit Lautsprecher-Bespannstoff bezogene schwarze Rahmenkonstruktionen, die von kleinen Kunststoffzapfen gehalten werden, wie sie zur Befestigung von Abdeckgittern in Lautsprechern eingesetzt werden. Der Clou ist jedoch die pfiffige Selbstbau-maskierung, die direkt hinter der Leinwandbühne sitzt und aus der 21:9-Leinwand auf Knopfdruck eine 16:9-Prokjektionsfläche werden lässt (siehe Detaillösung). Das ist noch immer nicht alles, was Jörg M. an tollen Ideen zu bieten hat, denn um echtes Kinofeeling zu erzeugen, entschied sich der Sauerländer, hier noch einen elektrisch betriebenen Vorhang zu installieren, welcher den Blick auf die Leinwand erst zu Filmbeginn freigibt.

Interview mit Jörg M.:

Jörg, gemeinsam mit Deiner Frau Tina hast Du ein absolutes Traumkino geschaffen und dabei fast völlig auf fremde Hilfe verzichtet. Wie waren denn die Reaktionen Deiner Familie und Freunde, als sie erstmals das JoTiMaXX betraten?

Die Reaktionen waren einfach überwältigend. Eigentlich kann man es kaum in Worte fassen. Nur mit einer versteckten Kamera hätte man die Emotionen einfangen können. Man war absolut erstaunt, wie authentisch man ein Kino in den eigenen vier Wänden, und das in Eigenleistung, schaffen kann. Die meisten wussten ja, wie intensiv ich mein Hobby lebe; dass ich irgendwann einmal ein solches Kino bauen würde, hätte keiner auch nur ansatzweise gedacht. Dass unser Heimkino in allen Belangen zudem noch als viel besser empfunden wurde als ein „echtes" Kino, hat uns natürlich sehr stolz gemacht.

Welches war die wichtigste Vorgabe beim Bau Deines Kinos und welcher Punkt erwies sich als am schwierigsten zu realisieren?

Eine Leinwandbühne mit motorisiertem Vorhang und Leinwandmaskierung sowie mindestens acht Kinostühle waren bei der Planung die absoluten Mindestanforderungen, um ein möglichst authentisches Kino aus heutiger Zeit zu schaffen. Dabei stellte sich die Motorisierung der horizontalen Maskierung als am schwierigsten heraus. Am Anfang fehlte mir einfach eine geeignete Lösung für den horizontalen Zug zum Schließen der Maskierung. Als ich im heimischen Baumarkt ein Schiebetürensystem entdeckte, war meine Idee plötzlich geboren.

Um die durchgängig aufgeräumte Optik im Kino zu erhalten, entschied sich Jörg M., die gesamte Software-Sammlung in der gemütlichen Kinobar unterzubringen. Das ist auch gut so, denn hier kommt die große Blu-ray- und DVD-Kollektion viel besser zur Geltung

THX-konforme Decke

„Wenn schon, dann richtig", dachte sich Jörg M., als es an den Bau der etwa 2,40 Meter hohen Deckenkonstruktion ging. Deshalb entschied sich der Diplomingenieur für den Einsatz einer THX-konformen Zwischendecke der Firma Ecophon (www.ecophon.de), wie sie auch in THX-Filmpalästen eingesetzt wird. „Die Installation ging sehr leicht von der Hand. Nachdem die leicht zu bearbeitenden Aluminiumträger von der Zimmerdecke abgehängt und sämtliche Kabel verlegt waren, mussten nur noch die passgenauen schwarzen Module eingelegt werden. Eine Investition, die sich gelohnt hat, denn der klangliche Unterschied ist enorm", erklärt uns der Bauherr.

Die Vorführung

Nachdem wir nun Näheres über die Entstehungsgeschichte erfahren haben und uns von der extrem guten handwerklichen Ausführung des JoTiMaXX überzeugen konnten, wollen wir wissen, wie es um die klanglichen und bildtechnischen Gegebenheiten dieses rund 24 Quadratmeter großen Kinos bestellt ist. Hier beginnen wir mit der Pod-Race-Szene aus „Star Wars – Episode 1" und sind gleich von der Tiefbassdarstellung des Soundsystems überrascht, die selbst in höheren Pegellagen sauber und unverzerrt bleibt. Auch wenn wir diese Szene bereits unzählige Male vorgeführt bekamen, gehört diese Demonstration aufgrund ihrer exzellenten Effekt- und Surrounddarstellung zu den absoluten Highlights. Mit „Casino Royale" fährt Jörg M. dann „größere Geschütze" auf, denn hier überzeugt nicht nur der Ton, sondern auch die brillante, gestochen scharfe Bildperformance des perfekt eingestellten Infocus-Projektors.

Fazit

„Einfach perfekt", könnte das Kurzfazit zu diesem privaten Lichtspielhaus lauten, denn was Tina und Jörg hier geschaffen haben, ist in jeglicher Hinsicht grandios. Egal ob Foyer, Bar oder Kino: Die handwerklich in jeglicher Hinsicht perfekte Ausführung, das gelungene und gemütliche Ambiente und die anspruchsvolle Bild- und Tonperformance veranlassen selbst verwöhnte HOME-THEATERS-Redakteure zu echten Begeis-terungsstürmen. Für mich ist das JoTiMaXX jedenfalls eines meiner absoluten Lieblings-Leserkinos!

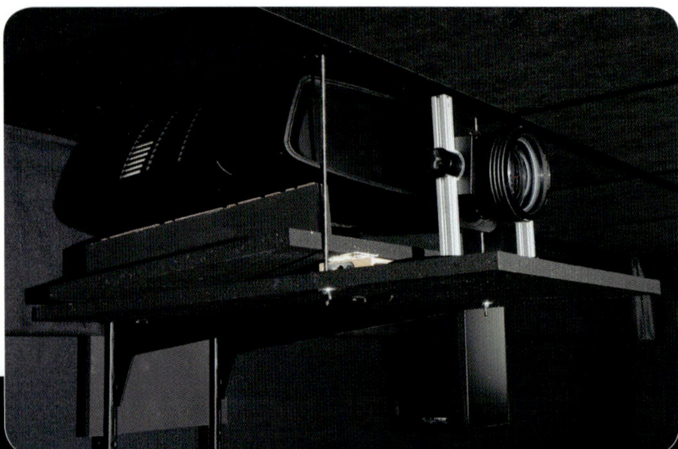

Der während unseres Besuches noch in Betrieb befindliche Infocus-Beamer wuerde inzwischen gegen einen JVC D-ILA550 ausgetauscht. Die Isco-II-Vorsatzlinse ist allerdings noch immer im Einsatz und wird elektrisch vor das Objektiv des Beamers gefahren

Ideen muss man haben: die perfekte Detaillösung

21:9-Maskierung

Anders als die meisten anderen Heimkinobesitzer entschieden sich die Mendener Filmfans für den Kauf einer 21:9-Leinwand. Der Grund dafür ist denkbar einfach, erscheinen die neuesten Blockbuster in der Regel doch in genau diesem Videoformat. „Die 21:9-Leinwand macht für mich mehr Sinn. So kann ich die meisten Filme vollständig auf meiner riesigen Leinwand genießen, während Besitzer einer 16:9-Leinwand ihr 21:9-Bild mittels horizontaler Maskierung immer verkleinern", erklärt Jörg M. den Hintergrund seiner Entscheidung.

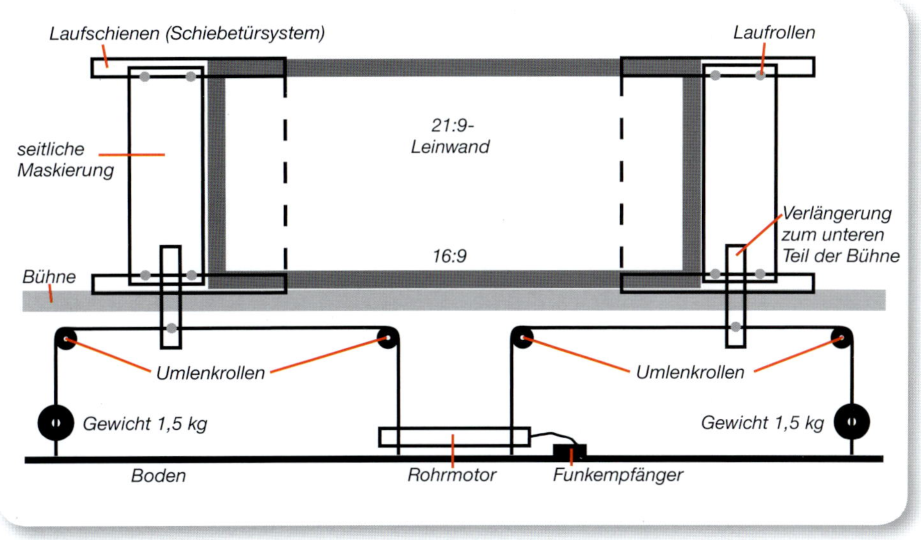

Das Besondere an dieser elektrisch betriebenen Maskierung ist jedoch nicht das Format, sondern der bis ins kleinste Detail durchdachte Antrieb dieser Konstruktion. „Das war nicht ganz so einfach, da weder Maskierung noch Antrieb im Off-Zustand zu sehen sein sollten." Nach reiflicher Überlegung entschied sich der Filmfan für den Einsatz eines unterhalb der Leinwand befindlichen und per Funk gesteuerten Rohrmotors. Dieser bewegt die beiden auf Laufschienen geführten Maskierungsbretter, die wiederum mittels Seilsystem und über Umlenkrollen miteinander verbunden sind. Der Antrieb erfolgt ausschließlich über die unteren Laufschienen, während die obigen Vorbereitungen lediglich der Führung der mit schwarzem D-C-Fix verkleideten Blenden dienen. So stehen die beiden Maskierungen bei 21:9-Bildern neben der Leinwand und werden auf Knopfdruck durch Drehen des Rohrmotors und die gleichzeitige Aufwicklung der gespannten Seile nach innen bewegt. Um die Maskierung wieder zu öffnen, wird das Seil einfach wieder abgewickelt, wobei ein am anderen Ende des Seiles befindliches Hantelgewicht hilft, die Verbindung stets auf Spannung zu halten.

1 *Jedes Maskierungsbrett ist an der Oberseite mit Rollen bestückt, die die Blende auf einer oberhalb der Leinwand befindlichen Schiene führen.*

2 *Der Schlitz in der Leinwandbühne erleichtert das Führen der Maskierung, die durch den unterhalb der Bühne befindlichen Motor angetrieben wird.*

3 *Der Rohrmotor sitzt mittig unter der Leinwand und treibt die Maskierungsbretter über ein Seilsystem an.*

HOME THEATERS besucht das wahrscheinlich kleinste Privatkino Deutschlands

Filmpalästchen

Ausstattung

Projektor:	Mitsubishi HC5500 (Full HD)
Leinwand:	Davision Cadre No.1 (2,00 x 1,12 m)
AV-Receiver:	Denon AVR-3808
Blu-ray-Player:	Denon DVD-2500BT
HD-Settop-Box:	TechniSat HD8
Lautsprecher:	Imagination-Selbstbau
Subwoofer-Einmesung:	Velodyne SMS-1
Subwoofer-Endstufe:	Rotel RMB-1080

Filmbilder:
„Sin City"
Blu-ray von Studiocanal

Text: Roman Maier / Fotos: Lars Brinkmann

Was macht man als Heimkinofan, wenn einem für sein Hobby lediglich 8,75 Quadratmeter zur Verfügung stehen? Ganz einfach: Man lässt sich ein paar pfiffige Lösungen einfallen, um aus dem vorhandenen Platz das Bestmögliche herauszukitzeln.

Aufgrund des geringen Platzangebotes genießen nur die absoluten Blu-ray- und DVD-Favoriten des zweifachen Familienvaters das Privileg, im Kino unterzukommen. Besonders haben es dem Westfalen dabei Action- und Comicverfilmungen angetan

Eigentlich hatte sich Stefan K. die Sache ganz anders vorgestellt, denn nach der Demontage seines alten Heimkinos und dem Umzug plante der Westfale den Bau eines neuen, noch größeren Filmpalastes im Keller des nun bezogenen Hauses. „Ursprünglich sollte ich diesen Raum plus einen Teil des Nebenraums für mein neues Kino bekommen und hätte dann eine Fläche von rund 20 Quadratmetern zur Verfügung gehabt“, erklärt uns der zweifache Familienvater. „Nach langen Diskussionen mit meiner Frau entschieden wir dann aber, den nebenan befindlichen Raum als Gästezimmer zu nutzen, so dass für das geplante ‚Red Cinema‘ lediglich dieses gerade einmal 3,50 x 2,50 messende Zimmer zu Verfügung stand.“

Planung

Unter diesen Umständen musste eine neue, detailliertere Planung her, denn es galt, jeden Quadratzentimeter der zur Verfügung stehenden Fläche auszunutzen. Mit der Entscheidung, nur noch eine Sitzreihe mit drei Kinosesseln zu installieren, war der erste Schritt getan. Gleichzeitig entwarf der sympathische Hammer einen Plan für eine platzsparende Maskierungsvorrichtung und Leinwandbühne, die sämtliche Frontlautsprecher inklusive beider Subwoofer aufnimmt.

Leinwandmaskierung

Gleich der erste Schritt zum Bau des neuen Kinos sollte die Montage der Leinwandmaskierung sein, für deren Konstruktion sich Stefan K. etwas ganz Besonderes einfallen ließ, schließlich sollte der Platzbedarf auch hier möglichst gering gehalten werden: Zunächst wurde also die künftige Projektionsfläche auf die Stirnwand gezeichnet. Anschließend wurden zwei als Träger dienende, senkrecht verlaufende Holzbalken an die Wand geschraubt, auf die die beiden Maskierungsbretter mittels Schubladenauszügen montiert wurden. Nun ging es schon an den Antrieb der Konstruktion. Und hier hatte der Westfale eine pfiffige Idee, wird seine Maskierung doch über zwei Hubmotoren eines elektrisch höhenverstellbaren Schreibtisches bewegt. Zu diesem Zweck erstand Stefan K. ein gebrauchtes Modell in einer Internetauktion, baute die benötigten Teile einfach aus und montierte sie kurzerhand am unteren Maskierungsbrett. Nachdem die Motoren exakt ausgerichtet waren, ging es an die Verbindung der beiden Maskierungen, welche via vier Millimeter starke Drahtseile und zwei Umlenkrollen erfolgt und die Führung der beiden gegenläufigen Maskierungsbretter nach oben bzw. unten bewegt.

Leinwandbühne

Nachdem die pfiffige Leinwandmaskierung fertiggestellt war, startete der Filmfan den Bau seiner kompakten Leinwandbühne. Zunächst wurden zwei Auflagen an den Seitenwänden montiert, die die 28 Millimeter starke MDF-Fläche tragen, welche wiederum als Deckelplatte dient. Um ein Durchhängen der relativ schweren Platte zu vermeiden, installierte der Bauherr einfach zwei senkrecht verlaufende MDF-Bretter, die als Stützen dienen und für deutlich mehr Stabilität sorgen. Nun ging es an die Verkleidung der Konstruktion. Und auch hier machte es sich Stefan K. möglichst einfach. So entstand die Frontblende aus drei federleichten Birkensperrholzrahmen, die mit normalem Lautsprecherbespannstoff bezogen wurden und in der Höhe einfach zwischen Deckplatte und Boden geklemmt werden. Nachdem die Löcher für die drei nach oben gerichteten Halogenstrahler gefräst waren, ging es an die Bodenkonstruktion, die aus drei MDF-Platten be-

Einfach gelöst: Um den Raum völlig abzudunkeln, entwarf Stefan K. eine nach innen zu öffnende Fensterklappe. Dank dieser Idee wird ungewollter Lichteintritt vermieden, wobei das Fenster weiterhin zugänglich bleibt

Interview mit Stefan K.:

Stefan, dank toller Detaillösungen und pfiffiger Ideen hast Du das Maximale aus der gegebenen Grundfläche von knapp neun Quadratmetern herausgeholt. Hattest Du ein solches Ergebnis erwartet?

Klare Antwort: Jein! Ich hatte anfangs arge Bedenken, ob ich mit der limitierten Grundfläche überhaupt zurechtkäme. Von Anfang an setzte ich mir klare Ziele, was ich unbedingt realisieren wollte: Das waren zum einen die Leinwandmaskierung und der Sternenhimmel. Weiterhin mussten unbedingt bequeme, rote Kinosessel mit Getränkehaltern her. Klar, dass man bei so wenig Platz auch Kompromisse eingehen muss. Die Position der Frontlautsprecher ist sicherlich nicht optimal. Da ich aber mindestens eine zwei Meter breite Leinwand haben wollte, blieb mir nichts anderes übrig, als die Lautsprecher unterhalb der Leinwand zu positionieren.

An den Bau der Leinwandmaskierung bist Du völlig anders herangegangen. Wie bist Du auf die Idee gekommen, den Antrieb eines elektrisch höhenverstellbaren Schreibtischs zu nutzen?

Die Idee mit den Schreibtischantrieben kam mir im Büro. Ich fuhr meinen Schreibtisch in eine Stehposition und dachte mir, dass das doch auch als Antrieb für eine Maskierung funktionieren könnte. Kurze Zeit später konnte ich dann für kleines Geld einen elektromotorischen Schreibtisch in einem bekannten Internet-Auktionshaus ersteigern.

Mit dem Denon DVD-2500BT setzt auch Du in Deinem Kino auf Blu-ray. Wie siehst Du den Unterschied zur DVD?

Der Unterschied zwischen DVD und Blu-ray ist schon gewaltig. Gerade ältere Filme, die man vorher nur als DVD kannte, zeigen auf Blu-ray plötzlich Details, die man vorher nicht gesehen hat. Mittlerweile laufen DVDs nur noch sporadisch in meinem Kino, denn wenn man einmal einen Film in voller HD-Auflösung gesehen hat, will man nichts anderes mehr.

steht, die mittels Silikon einfach auf den Boden geklebt wurden. Die resonanzarme Bodenfläche dient nun als idealer Träger der kleinen angewinkelten Holzpodeste, auf denen die drei Frontlautsprecher platziert wurden.

Kabelkanal

Wenn Stefan K. etwas anfasst, dann macht er es richtig. So dachte er sich auch für die Führung sämtlicher Signal- und Lautsprecherkabel etwas Besonderes aus. Nachdem der Teppich verlegt war, montierte der Westfale einen etwa fünf Zentimeter hohen Holzstreifen anstelle einer Fußleiste an die Wand, über welchen eine weiße Blende geführt wird, die als eine Art Deckel dient. Anschließend wurden sämtliche Leitungen unter der nun „überdachten" Konstruktion verlegt, bevor die Führung über die gesamte Länge mit einem selbstklebenden Teppichstreifen

Um die ca. 50 Zentimeter lange Beamerhalterung „unsichtbar" zu machen, entschied sich der Bauherr für eine einfache, aber sehr effektive Verkleidung. Diese entstand aus drei einfachen Multiplexplatten, die zu einem U-Profil zusammengesetzt, mit schwarzem D-C-Fix bezogen und einfach am Deckenhalter befes-tigt wurden. Sämtliche Zuleitungen verschwinden im dahinter befindlichen Kabelkanal, welcher in Wandfarbe lackiert wurde

verschlossen wurde. Diese Konstruktion hat gleich zwei Vorteile: Zum einen ist sie extrem günstig herzustellen, zum anderen erlaubt sie jederzeit den Zugriff auf sämtliche Leitungen.

Fazit

Stefan K. liefert den Beweis: Man benötigt nicht immer einen Riesenraum, um seinen Traum vom eigenen Heimkino zu verwirklichen. So ist sein gerade einmal 8,75 Quadratmeter messendes Filmpalästchen nicht nur gemütlich, sondern auch noch mit vielen pfiffigen Details wie dem schicken Sternenhimmel oder der durchdachten Leinwandmaskierung ausgestattet, die den Raum größer wirken lassen und auch noch für ein tolles Bild- und Tonergebnis sorgen. Selbst das Problem störender Raummoden konnte der Bauherr dank des Einsatzes eines Velodyne SMS-1 nahezu vollständig umgehen, was eine unverzerrte, impulsstarke und absolut kontrollierte Bassdarstellung in seinem „Red Cinema" zur Folge hat.

Durchdacht: Die ebenfalls dem alten Schreibtisch entnommenen Knöpfe für die Steuerung ließ Stefan K. einfach in die Armlehne des mittleren Kinosessels ein

Clever: Zu Wartungs- bzw. Austauschzwecken kann der Teppich einfach abgezogen und anschließend wieder aufgebracht werden

Detaillösung

Sternenhimmel

Indirekte Leuchtmittel sorgen für ein angenehmes und wohliges Ambiente. Was liegt da näher als ein schicker Sternenhimmel? Aufgrund der limitierten Platzverhältnisse entschied sich Stefan K. für den Einsatz einer 1,60 x 1,20 Meter messenden Holzplatte, die mit 180 Leuchtpunkten bestückt werden sollte. Zunächst fertigte der Bauherr einen etwa zehn Zentimeter hohen Rahmen an, welcher an die Rückseite der eingangs erwähnten Platte geschraubt wurde und als Träger der gesamten Konstruktion dient. Dann ging es an die Fertigung des eigentlichen Sternenhimmels, wobei die Außenkanten der später nicht sichtbaren Seite mit einer etwa vier Zentimeter hohen Blende bestückt wurden, hinter welcher ein roter Lichtschlauch geführt wird. Im Anschluss daran wurde die sichtbare Seite der Konstruktion mit schwarzem Bühnenmolton bezogen. Nun stand der aufwendigste Punkt, nämlich das Bohren der 180 kleinen Löcher an. Obwohl nur je einen Millimeter dick, stellte sich das Bohren als besondere Herausforderung dar, erforderte es doch eine ruhige Hand und einen nicht unerheblichen Kraftaufwand, was wiederum zur Folge hatte, dass Stefan K. gleich 15 Bohrer abbrach. Irgendwann war aber auch diese Arbeit abgeschlossen, so dass nun 180 Glasfasern in die dafür vorbereiteten Löcher gesteckt werden und mit Sprühkleber fixiert werden konnten. Die nach unten überstehenden Enden der Glasfasern wurden anschließend mit einem Nagelknipser abgeschnitten. Zu guter Letzt baute der Westfale noch einen Holzrahmen, der an die Decke des Heimkinos geschraubt wurde. Dieser hat exakt die Größe des Innenmaßes des Trägers, so dass die gesamte Deckenkonstruktion anschließend einfach über den Deckenrahmen gestülpt und mit diesem verschraubt wurde.

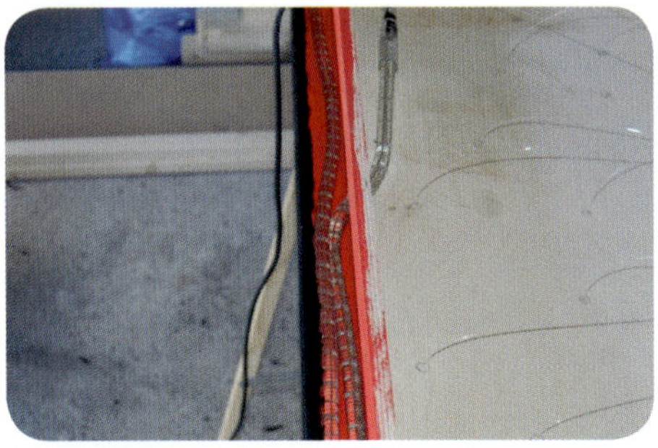

1 Nahaufnahme: Der rote Lichtschlauch liegt gleich neben dem Befestigungsrahmen und sorgt von hier für eine angenehme Hintergrundbeleuchtung.

2 Nachdem alle 180 Glasfasern in die zugehörigen Löcher (je 1 mm Duchmesser) gesteckt wurden, werden sie mit einfachem Sprühkleber fixiert.

3 Fertig: Nachdem der Kleber angetrocknet ist, muss die rund zehn Kilogramm schwere Konstruktion nur noch unter die Decke gebracht werden.

FÜHLEN SIE ES!
R SERIES
Meist hört man Musik. Mit der brandneuen R-Serie hingegen erleben Sie Musik – Sie bringt Emotionen mit unglaublicher Spielfreude und Präzision auf den Punkt.
Basierend auf den neuesten Technologien des KEF Flaggschiffes „Blade“ kombiniert die neue R-Serie die herausragenden Klangeigenschaften von KEFs perfektionierter Uni-Q-Technologie mit purer Leistung durch neuartige Basstreiber. Sie setzt in Dynamik, Kraft und Präzision einen neuen Leistungsstandard in der audiophilen Oberklasse.
Hören, spüren und erleben Sie die neue R-Serie.
www.kef.com
KEF
INNOVATORS IN SOUND
GP Acoustics GmbH, Am Brambusch 22, 44536 Lünen, Deutschland. Tel: +49 (0) 231 9860-320 Fax: +49 (0) 231 9860-330

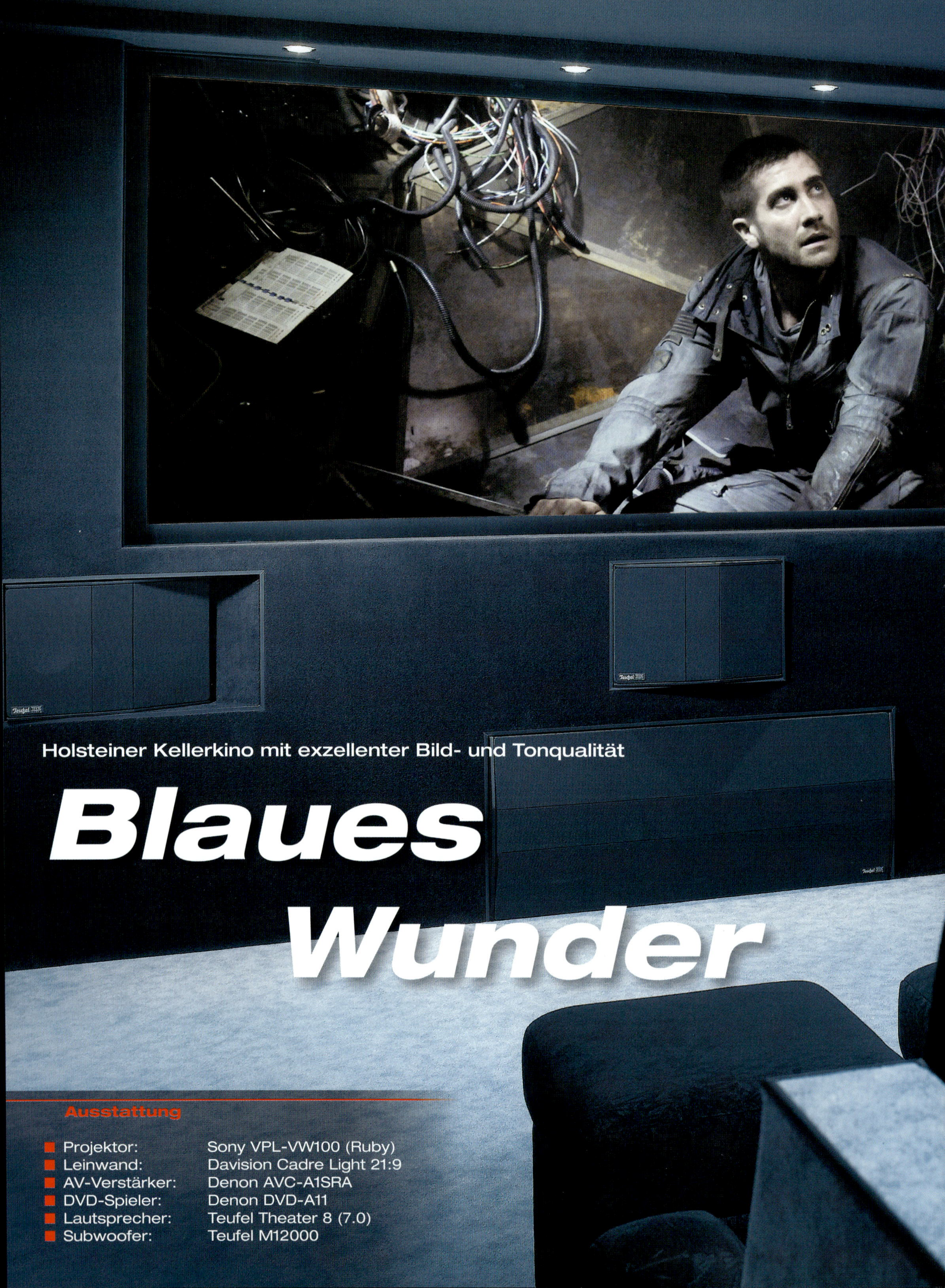

Holsteiner Kellerkino mit exzellenter Bild- und Tonqualität

Blaues Wunder

Ausstattung

■ Projektor:	Sony VPL-VW100 (Ruby)
■ Leinwand:	Davision Cadre Light 21:9
■ AV-Verstärker:	Denon AVC-A1SRA
■ DVD-Spieler:	Denon DVD-A11
■ Lautsprecher:	Teufel Theater 8 (7.0)
■ Subwoofer:	Teufel M12000

Filmbilder:
„Source Code“ –
Blu-ray von Studiocanal

Text: Roman Maier / Fotos: Birgit Seidel

Kinosessel
Die bequemen Sessel wurden schon zu Beginn der Bauphase bei einem Spezialisten für Kinozubehör bestellt. Die untere Reihe ist fest im Estrich verschraubt, während die obere Reihe fest mit dem massiven Podest verbunden ist. Die kleinen, dimmbaren Tischlämpchen sorgen für angenehme Hintergrundbeleuchtung.

Wie bei vielen Heimkinofans war der Kauf einer kleinen Mehrkanalanlage auch für Christian S. die Geburtsstunde des Traums, ein eigenes Heimkino zu besitzen.

Nachdem der größere Kellerraum drei Jahre als Abstellkammer „verschwendet" wurde, entschied Familie S., ihn zu einem Gäste-/TV-Zimmer auszubauen. Nach der ersten Planung sollte nun auch ein Großbildgerät her. Nach dem Studium einiger HEIMKINO-Ausgaben wurde der Filmfan auf Teufels Theater-8-Lautsprechersystem aufmerksam, das er sich bei einem Berlin-Aufenthalt in der Teufel-Zentrale vorführen ließ. Begeistert von der überraschenden Performance dieses Sets war klar, dass ein eigenes Kino her musste. Mithilfe eines PC-Programms zur Raumplanung konnte Christian S. sein künftiges Kino bis ins kleinste Detail planen. Lautsprecher, Leinwand, Podest und Stühle konnten so millimetergenau in das künftige Kino integriert werden. So kam auch die Idee, etwa ein Viertel des Raumes durch eine zusätzliche Trennwand zu separieren, um hier ein kleines Gästezimmer unterzubringen. Das auf dem Laptop entstandene Kino zeigte er nun den Teufel-Spezialisten, um den geplanten Filmpalast bis ins kleinste Detail zu perfektionieren. Anfang 2003 ging es dann an den Bau. Da alle Frontlautsprecher in der Stirnwand unterkommen sollten, mussten zuerst mit einer Mauerfräse Löcher in die Wand gebohrt werden. Gleichzeitig nahm die Trennwand Gestalt an, die hinter dem Kellerkino Platz für ein Gästezimmer schafft. Nachdem alle Kabel verlegt waren, ging es an den Bau des Sitzpodestes. Dieses entstand aus einer Rahmenkonstruktion, die anschließend mit Pressspanplatten verschlossen wurde. Ähnlich verlief die Verkleidung der Wände. Zuvor entschied sich Christian S., einen weiteren und später zugänglichen Kabelkanal zu installieren. Nachdem beim Händler geklärt wurde, ob der ausgesuchte Flor an Wand und Decke angebracht werden konnte, ging es ans Werk. Nach zwei langen Tagen war auch dieser Schritt getan, und bis auf einen zwei Meter breiten Ausschnitt auf der Projektionswand ziert der blaue Teppich nun Wand und Boden. Hier entschied sich der heute Bauherr für einen Leinwand-Selbstbau. Eine mit weißer Dispersionsfarbe bestrichene Holzplatte fügt sich passgenau in den Ausschnitt ein und diente seinerzeit als erste Leinwand. Kurz darauf war klar, dass das Kino zwecks HD-Zuspielung einer weiteren Modernisierung unterzogen werden musste. Zuerst bestellte sich der Holsteiner einen DVD-Spieler mit DVI-Ausgang, um den derzeit eingesetzten Sharp-Beamer mit digitalen Bildern zu speisen. Basierend auf der Lektüre eines HEIMKINO-Artikels und einer ausführlichen Testsession beim Fachhändler entschied sich Christian S., den vorhandenen Beamer gegen einen brandneuen Sony Ruby auszutauschen. Neben der höheren Bildqualität waren die technischen Möglichkeiten des Sony-Gerätes,

In-Wall
Aus Platzgründen wurden die drei Frontlautsprecher nebst dem riesigen Subwoofer direkt in die Wand eingelassen. Aus dem Nebenraum gelangt man problemlos an alle Boxen.

Kontrollraum
In der Nische hinter dem Vorhang findet sich die gesamte Zuspielelektronik. AV-Verstärker, DVD-Player und Laptop werden via Infrarot-Empfänger per Fernbedienung bequem vom Sitzplatz gesteuert. Für einen bequemeren Zugriff wurde sogar die Heizung oberhalb der Ablagefläche montiert.

wie etwa der fernbedienbare Zoom, die ausschlaggebenden Punkte für den Kauf des SXRD-Projektors nebst neuer, größerer Leinwand. Zu diesem Zweck entschied sich der Binnenländer, die komplette Stirnwand zu überarbeiten. So wurde nicht nur die alte Leinwand durch eine Davision Cadre Light im 21:9-Format ersetzt, sondern es entstand zudem eine ausgeklügelte elektrische Maskierung, die aufgrund der vielen Bildformate extrem variabel sein sollte.

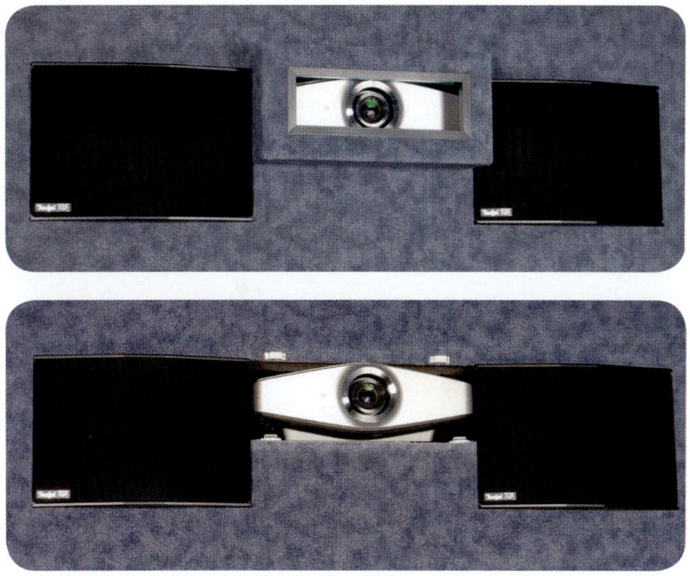

Durchsichtig
Zwecks perfekter Geräuschdämmung entschied sich Christian S. für ein 2 mm dickes Glas der Fa. Schott mit dem Namen Mirodard, das als Vitrinenglas in Museen und Galerien eingesetzt wird. Dieses beidseitig entspiegelte und vollkommen transparente Spezialglas und ist farbneutral und frei von störenden Reflexionen. Die Lichtdurchlässigkeit wird mit 99 Prozent angegeben.

Die Halter für die Surroundboxen sind speziell auf das Teufel-System zugeschnitten. Ober- und unterhalb des Lautsprechers befinden sich kleine Halogenstrahler

Gästezimmer
Um störende Lüftergeräusche komplett zu vermeiden wurde der Beamer in das neue Gästezimmer verbannt. Er kommt nun oberhalb des Kamins im speziell dafür vorgesehenen Regal unter. Ein durch Magnete gehaltenes Holzgitter verdeckt die Sicht auf die Rückseite des Projektors.

Fazit

Auch als HOME-THEATERS-Redakteur bekommt man nicht alle Tage die Gelegenheit, ein solches Kino zu besuchen. In Sachen Bild- und Tonqualität gehört dieser Filmpalast sicher zu den besten Privatkinos, die es in Deutschland gibt. Dazu kommt die einladende Atmosphäre dieses Kellerkinos; bequem können Besucher hier auch längere Filmabende genießen und anschließend nebenan im gemütlichen Gästezimmer den Abend ausklingen lassen.

Detaillösung

The Making-of

Vom Traum zur Wirklichkeit – in gerade einmal sechs Monaten entstand das Traumkino von Christian S. Allerdings bedurfte dies einer Planung bis ins kleinste Detail.

1 Platz schaffen: Um die Frontlautsprecher in der Wand unterkommen zu lassen, mussten zuerst Löcher gefräst werden.

2 Inzwischen ist auch die Trennwand zum Gästezimmer entstanden. Schön zu sehen sind hier die Löcher für die Hush-Box und die Surround-Back-Lautsprecher.

3 Kontrollnische: Alle Zuleitungen sind schon verlegt. Hier kommen später alle Zuspieler, wie DVD-Player, Computer und AV-Verstärker, unter.

4 Innenausbau: Die gesamte Konstruktion wurde am Computer geplant. Alle Pressspanplatten sind an zuvor aufgetragenen Holzleisten befestigt.

5 Es werde Licht: Insgesamt vier Halogenstrahler kommen in der eigens dafür hergestellten Abkofferung zum Einsatz und beleuchten die Leinwand.

6 Perfekte Position: Der Stuhl befindet sich exakt an der Stelle des späteren Referenzplatzes. Auch die Halterung der Surroundlautsprecher inklusive Beleuchtung ist fast fertig.

7 Bombenfest: Eine massive Rahmen-/Bügelkonstruktion sorgt für ein extrem stabiles Sitzpodest. Auch dieses ist mit Pressspanplatten verkleidet.

8 Nehmen Sie Platz: Die ersten drei Kinosessel sind bereits perfekt ausgerichtet und fest mit dem Podest verschraubt.

9 Das komplette Podest nebst Treppenaufgang und Geländer (rechts) ist inzwischen komplett fertiggestellt. Die vordere Sitzreihe ist fest im Estrich verschraubt.

10 Mittlerweile sind die kleinen Lämpchen im Einsatz, die später für eine gemütliche Hintergrundbeleuchtung sorgen. Und auch die Tür zum Gästezimmer ist mit schwarzer Folie beklebt, um störende Lichtreflexionen zu vermeiden.

11 Geschafft: Wand und Boden sind mit dem blauen Teppich belegt. Unter der Decke befindet sich ein schwarzer Flor. Nun kann es losgehen.

12 Die ursprüngliche Stirnseite des Kinos. Alle Lautsprecher kommen in der Wand unter. Direkt darüber befindet sich die zwei Meter breite Selbstbau-Leinwand.

Selbstbau

Leinwandmaskierung

Aufgrund der festen Position der Einbaulautsprecher blieb für die Konstruktion der seilgeführten Leinwandmaskierung nur wenig Platz. Letztlich fand Christian S. die perfekte Lösung.

Dank des fernbedienbaren Zooms des Sony-Beamers reichte dem Kinobesitzer eine seitliche Maskierung. Rechts und links der Leinwand befestigte der Filmfan je zwei senkrecht verlaufende Bretter auf Schubladenauszügen. Ist die Maskierung komplett geöffnet, liegen beide Bretter aufeinander. Wird die Maskierung geschlossen, fährt zuerst das hintere Brett heraus und zieht dann das obere mit sich. Bewegt werden die mit schwarzem D-C-Fix beklebten Leisten über ein ausgeklügeltes Seilsystem. Über diverse Umlenkrollen wird die Maskierung von zwei unabhängig voneinander laufenden Rohrmotoren angetrieben. Wichtig war hier eine möglichst niedrige Umfangsgeschwindigkeit der Motoren, um die stufenlose Einstellung zu gewährleisten. Über kleine Empfänger werden die Motoren per Fernbedienung gesteuert und so in die gewünschte Position gebracht. Wichtig: Damit das komplette Seilsystem ständig korrekt arbeitet, setzte der Holsteiner insgesamt sechs Seilspanner ein, die das Nachspannen an allen wichtigen Stellen im System erlauben.

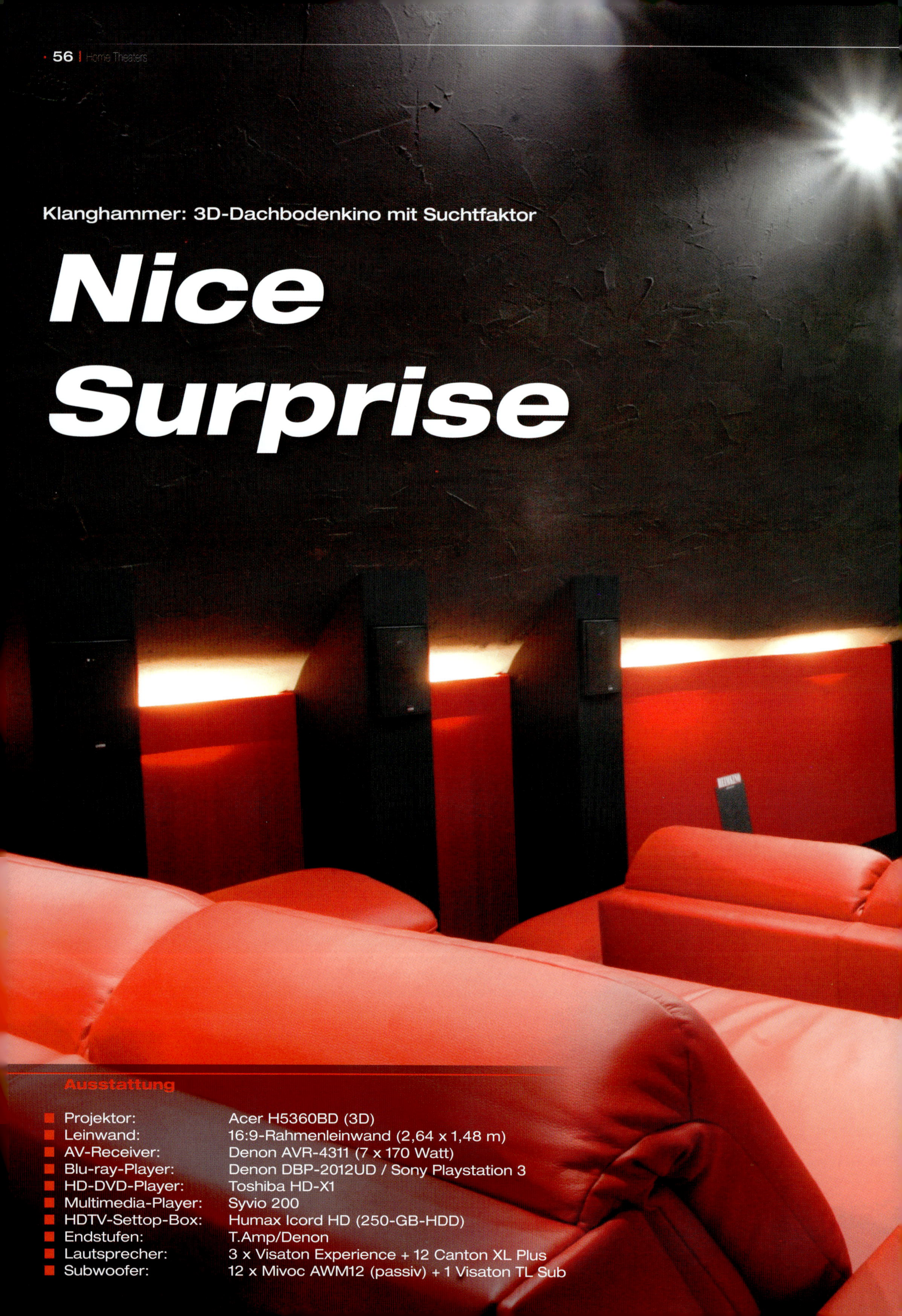

Klanghammer: 3D-Dachbodenkino mit Suchtfaktor

Nice Surprise

Ausstattung

- Projektor: Acer H5360BD (3D)
- Leinwand: 16:9-Rahmenleinwand (2,64 x 1,48 m)
- AV-Receiver: Denon AVR-4311 (7 x 170 Watt)
- Blu-ray-Player: Denon DBP-2012UD / Sony Playstation 3
- HD-DVD-Player: Toshiba HD-X1
- Multimedia-Player: Syvio 200
- HDTV-Settop-Box: Humax Icord HD (250-GB-HDD)
- Endstufen: T.Amp/Denon
- Lautsprecher: 3 x Visaton Experience + 12 Canton XL Plus
- Subwoofer: 12 x Mivoc AWM12 (passiv) + 1 Visaton TL Sub

Filmbilder:
„Deep Blue"
Blu-ray von Studiocanal

Text: Roman Maier / Fotos: Lars Brinkmann

Haben Sie schon einmal darüber nachgedacht, den seit Jahren als Lagerfläche genutzten Spitzboden zu entrümpeln und dort ein Heimkino zu installieren? Fuat R. hat genau das getan und ein Lichtspielhaus entstehen lassen, das selbst mich als erfahrenen Leserkino-Tester sprichwörtlich vom Hocker haute.

Seit knapp 14 Jahren ist der Mann regelmäßiger Leser der HEIMKINO, liebt Filme und lebt sein Hobby in jeder freien Minute. Das wird schnell deutlich, wenn man, wie ich, zu einem Besuch ins Dachgeschoss des schönen Domizils der Familie eingeladen wird. Doch beginnen wir von vorn, denn das hier vorgestellte Filmtheater ist die mittlerweile dritte Kino-Installation unseres Gastgebers. „Mit dem Thema ‚Kino zu Hause' beschäftige ich mich schon seit vielen Jahren. Doch erst mit dem Umzug in dieses Haus eröffnete sich für mich die Möglichkeit, mein Hobby kompromisslos zu betreiben, wobei mir die Idee, den Spitzboden zu nutzen, auch nicht direkt kam", gibt der Bauherr zu. Kurz nach der Entscheidung, das künftige Kino unterm Dach zu installieren, ging es an die ersten Akustiktests. Hier stieß Fuat gleich auf die ersten Probleme im Bassbereich. Trotz des Einsatzes von vier größeren Subwoofern war das Ergebnis ernüchternd, was sich auch nach mehrmaliger Umplatzierung der Woofer nur leicht zum Positiven änderte. Schnell stand fest, dass eine Raumoptimierung unumgänglich war.

Schon der Eingang zum „Nice Surprise" birgt eine Überraschung: So lässt sich die (natürlich) schallgedämpfte Luke mittels zweier Rollladenbänder elektrisch öffnen und verschließen

Clever: Während die vordere Ledercouch ihren festen Platz hat, steht das hintere Sofa auf einem mobilen Podest, das sich einfach nach rechts und links verschieben lässt

Front-Power: Nachdem Fuat R. die verschiedensten Arten der Subwoofer-Anordnung ausprobiert hatte, stellte sich die Frontaufstellung als Ideallösung für sein Heimkino heraus. Alle zwölf Bassisten befinden sich hinter der akustisch transparenten Leinwand und sorgen von hier für ein Bassvergnügen, wie man es wohl nur in den wenigsten privaten Lichtspielhäusern Europas erleben darf

Bass-Perfektionierung

Nach intensiver Recherche in verschiedenen Foren und Fachzeitschriften kristallisierte sich das offene Volumen hinter den Drempeln als Übeltäter heraus, welches als überdimensionale Bassfalle arbeitete. Somit war klar, dass zunächst hier Hand angelegt werden musste. Auf der Suche nach geeignetem Füllmaterial stieß der Familienvater eher zufällig auf zwölf Zentimeter starke Homatherm-Zellulosematten mit der Bezeichnung flexCL. Nachdem die im Baustoffhandel erstandenen Platten auf das gewünschte Maß geschnitten waren, platzierte der Bauherr sie in einem Abstand von zehn Zentimetern zueinander, um so das eingangs erwähnte Volumen im unteren Bereich der Schräge weitestgehend auszufüllen. Verschlossen wird diese Konstruktion letztlich durch frontseitig aufgesetzte Homatherm-Platten, auf denen wiederum eine schwarze Dampfsperre zum Einsatz kommt, die als Rieselschutz dient und die Konstruktion unsichtbar macht.

Subwoofer-Aufstellung

Im Zuge dieser Arbeiten entschloss sich Fuat, seine vier vorhandenen Subs gegen 14 passive Mivoc-Basswürfel (vier vorn, fünf jeweils rechts und links) auszutauschen, die in die eben beschriebene Konstruktion eingelassen wurden. „Im Vergleich zu vorher war klanglich nun ein Riesensprung festzustellen. Dennoch war ich noch nicht ganz zufrieden, weshalb ich mich das erste Mal mit dem Thema Einmessung beschäftigte." Mittels Kharma-Software, einem Behringer-Ultradrive und einer intensiven Testphase kam der Filmfan seinem Ziel noch einmal ein deutliches Stück näher. Jetzt fehlte nur noch der letzte Schliff, weshalb sich der Familienvater zu dem Experiment hinreißen ließ, 12 der 14 vorhandenen Bassisten im Frontbereich hinter der Leinwand zu platzieren und mittels integriertem Behringer-Equalizer auf seinen Hörgeschmack abzustimmen. Diese Entscheidung stellte sich letztlich als Ideallösung heraus, mit der der Kinobesitzer bis heute sehr zufrieden ist und die auch mich absolut zu begeistern wusste. Dazu später mehr.

Surroundarray

Etwa zur gleichen Zeit machte sich der Bauherr Gedanken zur Auswahl und Platzierung der Surroundkanäle. „In einem Forum war ich experimentell an einer diffus klingenden Lösung des Rearbereiches tätig. Wir nannten das Ganze liebevoll ‚Surroundarray'. Ziel war es, vier gleiche Lautsprecher an jeder Seite mit einem identischen Signal zu versorgen und so anzuordnen, dass die Surroundkulisse nicht einbricht." Nach dem ersten Versuch mit kleineren Breitbändern, die in einem Abstand von 66 Zentimetern zueinander platziert wurden, stellte sich heraus, dass der eingeschlagene Weg zwar richtig war, die eingesetzten Schallwandler aber gegen leistungsfähigere Modelle ausgetauscht werden mussten. „In Cantons XL Plus fand ich eine ebenso kompakte wie klangstarke Lösung, die mich durchweg begeisterte. Und wie ich finde, ist das Ergebnis absolut vorzeigbar."

Technikzentrale

Das Kino ist optisch perfekt gelungen – sehr aufgeräumt, ohne steril zu wirken. Ein Grund dafür ist die versteckte Elektronik, denn neben den zwölf Subwoofern sucht man auch Zuspieler und Verstärker zunächst vergeblich. Des Rätsels Lösung findet sich hinter der kaum sichtbaren kleinen Tür in der Rückwand dieses Filmpalastes, welche mir Zugang zur Technikzentrale verschafft. Hier sind der Schreibtisch inklusive leistungsstarkem Rechner und Internetzugang sowie das beeindruckende Rack einschließlich aller Zuspieler- und Verstärkereinheiten untergebracht, die das eigentliche Herz dieses Kinos bilden. Von hier hat Fuat R. vollen Zugriff auf jedwede Einstellung, was sich gerade in der Entscheidung, passive Subwoofer einzusetzen und diese über externe Endstufen zu betreiben, als sehr bequeme Lösung herausstellte. Hier findet sich auch die stattliche Blu-ray- (334 Stück), HD-DVD- (83 Stück) und DVD-Sammlung (412 Stück) meines Gastgebers, die aufgrund des schier unendlichen Platzangebotes in Zukunft sicher weiter ausgebaut werden wird.

Film ab

Genug der Theorie, denn nach den vielen Infos und der beeindruckenden Führung durch das Kino will ich nun wissen, was das „Nice Surprise" wirklich kann. Und was eignet sich dafür besser als die gerade brandneu erschienene „Star-Wars"-Box, aus der Fuat selbstverständlich das Pod-Rennen wählt? Schon nach wenigen Augenblicken wird klar warum, hat diese Szene doch alles, was das Herz eines echten Kinofans höher schlagen lässt. So auch meines, denn neben der sehr schönen und homogenen Raumabbildung werde ich von der perfekten Grundton- und Tiefbassdynamik gepackt, die trockener und präziser gar nicht sein könnte und dieses Kino ganz eindeutig klanglich in die absolute Spitze der von mir besuchten privaten Lichtspielhäuser katapultiert. Auf meine Bemerkung „Ich glaube nicht, dass das noch getoppt werden

Ein Blick „hinter die Kulissen": Im Abstand von 10 cm füllen die 12 cm starken Homatherm-Platten einen Großteil des Volumens hinter den Drempeln aus

Technikschrein:
Die gesamte Zuspiel- und Verstärkerelektronik ist ausgelagert und befindet sich im Technikraum hinter dem Kino. Dank multifunktioneller Funkfernbedienung lassen sich alle Geräte weiterhin bequem vom Referenzplatz bedienen

kann", werde ich nur wenige Augenblicke später eines Besseren belehrt. Als „Iron Man" zu seinem ersten Einsatz in Afghanistan kommt, geht es sogar noch ein Stückchen tiefer zur Sache, wobei das „Nice Surprise" keinen Deut seiner Souveränität und seines Punches einbüßt und mich so sehr beeindruckt, dass ich seit diesem Zeitpunkt selbst über den Einbau eines solches Subwoofer-Arrays nachdenke.

Fazit

Diese Installation macht ihrem Namen alle Ehre, denn das sehr geschmackvoll eingerichtete Kino birgt jede Menge positive Überraschungen. Mit viel Liebe zum Detail und akribischer Feinarbeit hat Fuat R. ein optisches wie klangliches Highlight geschaffen, das mich in jeglicher Beziehung positiv beeindruckte und mir so viel Spaß bereitete, dass ich aus dem Staunen gar nicht mehr herauskam. Wer also das Glück hat, einmal in das „Nice Surprise" eingeladen zu werden, sollte sich diese Chance auf keinen Fall entgehen lassen.

Interview mit Fuat R.:

Fuat, wie Du uns sagtest, ist dieses Lichtspielhaus bereits Deine dritte Kino-Installation. Wie kam es, dass Du Dir dafür ausgerechnet den Dachboden ausgesucht hast?

Not macht erfinderisch. Im geplanten Neubau unseres Hauses sollte das Heimkino im Wohnzimmer integriert werden. Wenn man aber zuvor einen separaten Raum als Heimkino nutzen durfte, ist alles andere danach ein Kompromiss. Da ich diesen nicht eingehen wollte, machten meine Frau und ich uns auf die Suche nach einer anderen Möglichkeit. Fast waren wir so weit, eines der Kinderzimmer zu opfern, bis wir uns im Dachgeschoss genauer umschauten und feststellten, dass es doch irgendwie möglich sein müsste, dort oben ein gemütliches Heimkino zu realisieren.

Gerade in Sachen Sound lieferst Du eine Performance, die ganz sicher zum Besten gehört, was wir jemals erleben durften. Wie viele Stunden hast Du an der Perfektion der Klangdarstellung in Deinem Kino gearbeitet?

Es waren etliche Stunden. Ich machte mich mit der Akustik und dem Einmessen von Lautsprechern vertraut. So stellte ich fest, welche Auswirkungen bereits kleinste Veränderungen der Positionen der Lautsprecher bewirkten, selbst das Verändern der Sitzpositionen oder Verrücken des Inventars brachten oft Verbesserungen. Insgesamt veränderte ich die Bespannung der Wände mehrmals, arbeitete jede Menge an Akustikmaterial ein und schob Lautsprecher hin und her. Es ist schwer, eine absolute Zahl zu nennen, aber man sollte sich so viel Zeit wie möglich für diesen wichtigen Aspekt nehmen.

Wie gesagt, Dein Kino besticht durch Hammersound, sehr gemütliches Ambiente, bequeme Ledersofas und 3D-Bilddarstellung. Ist das finale Stadium inzwischen erreicht, oder planst Du bereits das nächste Update?

Auf der Suche nach einem Namen für das Kino schlug meine Frau vor: „Nenn es doch ‚NEVER ENDING STORY'." Das trifft voll zu. Ich habe immer wieder neue Ideen, an deren Realisierung ich herumtüftele. Soundtechnisch wird vorerst nichts verändert, aber in Sachen Bild habe ich schon die nächsten Vorhaben in der Schublade.
Mein kleiner Acer-3D-Beamer macht sicherlich ein brauchbares 2D-Bild und ein noch viel besseres 3D. Leider stößt er mit seiner nur HD-ready-Auflösung an seine Grenzen. Um in Sachen Bild nicht weiter einen Kompromiss eingehen zu müssen, wird kurzfristig ein Projektor der nächsten Generation bei uns Einzug finden. Zur Auswahl stehen ein JVC-, Sony-, Panasonic-, Epson- oder ein Mitsubishi-Full-HD-Projektor mit 3D-Darstellung. Sobald ich ein bezahlbares akustisch transparentes Leinwandtuch für den Eigenbau finde, werde ich die Leinwand dahin gehend ändern, dass auch der Center dort hinkommt, wo er hingehört. Als weiteres Gimmick möchte ich unter dem Eingangsbereich eine Art Lounge einrichten, in der man sich vor oder nach dem Filmgenuss zu einem leckeren Getränk und einem Snack zurückziehen kann.

Udo Lindenbergs Heimkino:
Deutschlands erstes PrivateMax in einem Hotel

Star Kino

Ausstattung

Projektor	InFocus 777
Leinwand	ClearPix2TM-Spezial-Leinwand 16:9; 3,00 x 1,70 Meter
AV-Dekoder	Rotel RSP-1036
Endstufen	3 x Rotel RSA-1095
DVD-Player	Rotel RDV-1060
Front-Lautsprecher	B&W Nautilus 801
Center-Lautsprecher	B&W Nautilus 801
Surround-Lautsprecher	B&W Signature 8NT
Subwoofer	2 x B&W ASW 850
Besonderheiten	DreamMax Kinobestuhlung mit Body-Shaker

10.4-Kellerkino mit Supersound und „Bat-Watch“

Kino-Lounge

Ausstattung

- Projektor: Panasonic PT AE 5000 (Full HD)
- Leinwand: 21:9-Rahmenleinwand Davision Cadre Masque (2,80 x 1,20m)
- AV-Receiver: Onkyo TX NR3009
- 9-Kanal-Endstufe: Onkyo PA-MC5500
- BD-Player: Panasonic DMP BDT110
- Settop-Box: Topfield TF7710HSCI
- Lautsprecher: Klipsch Reference 10.0
- Subwoofer: Klipsch RT-10d, RW12D, RT12D und Elac Sub 211D

Filmbilder:
„Sin City“
Blu-ray von Studiocanal

Text: Roman Maier / Fotos: Lars Brinkmann

Es ist für uns immer wieder ein Erlebnis, die Heimkinos unserer Leser besuchen zu dürfen. Auf unseren Reisen treffen wir dabei auf die unterschiedlichsten Lösungen, den Traum vom eigenen Kino zu realisieren. So auch in diesem Fall, in dem wir nicht nur auf ein gemütliches und klangstarkes Privatkino, sondern auch auf eine extrem sympathische Familie trafen.

Diesmal führt unser Weg ins ostwestfälische Verl, welches wir nach einer Autobahn-Vollsperrung und zwei kleineren Staus mit rund 45-minütiger Verspätung erreichen. Endlich angekommen, werden wir sehr freundlich von Ralph W. empfangen, der es kaum erwarten kann, uns sein Kino-Lounge genanntes Lichtspielhaus zu präsentieren. Und obwohl wir ja schon einige Bilder der Kino-Lounge vorab per E-Mail zugesandt bekommen hatten, stockt uns fast der Atem, als wir das Kellergeschoss des schicken Einfamilienhauses erreichen. Der erste Grund dafür ist das extrabreite, und blau hinterleuchtete Software-Regal, welches im mit riesigen Filmpostern bestückten Flur thront. Doch damit nicht genug, denn der absolute Blickfang in diesem Vorraum ist die lebensgroße Batman-Figur, die den Eingang zu bewachen scheint.

Das Kino

Nach der ausgiebigen Beäugung des Foyers sowie dem Studium der imponierenden Blu-ray-Kollektion führt uns der Familienvater nun endlich in sein Heimkino. Und während der Vorraum optisch eher schlicht, fast schon steril gehalten ist, öffnet sich nun die Tür zu einem extra-gemütlichen Filmpalast, der zu XXL-Filmnächten einlädt. Jetzt geht unsere Entdeckungsreise erst richtig los, und während wir neugierig durchs Kino schlendern, antwortet uns Ralph W. bereitwillig auf die Frage nach der Entstehungsgeschichte seiner Kino-Lounge. „Alles fing an etwa im Alter von zehn Jahren, als ich damit begann, Boxensysteme aus alten TV-Geräten auszubauen und ohne Gehäuse als Lautsprecher zu benutzen. Einige Jahre später, ich absolvierte gerade meine Ausbildung zum Elektriker, verbrachte ich nahezu jedes Wochenende in den umliegenden HiFi-Läden und stellte mir nach und nach eine anspruchsvolle Stereo-Anlage zusammen." Mit 20 Jahren entschied sich Ralph W., sein Hobby zum Beruf zu machen und begann seinen neuen Job als Fachberater in einem führenden Elektrofachmarkt. Nach einer kurzen Einarbeitungsphase landete der gebürtige Osnabrücker letztlich in der HiFi-Abteilung, die sein Feuer fürs Thema Audio weiter entfachte. „Als 1994 der erste Analog-Surround-Prozessor vorgestellt wurde, kam ich auch erstmals mit dem Thema Surround in Berührung. Zusammen mit einem LaserDisk-Player sorgte dieser nicht nur bei der

Super Idee: Hinter dem auf Rollen und einer Schiene geführten Bilderrahmen bleibt das Kellerfenster weiter zugänglich

Kundschaft, sondern auch unter den Mitarbeitern für Furore. Aus dieser Euphorie heraus entstand schnell das erste und sehr erfolgreiche Surround-Studio unserer Filiale", so Ralph W. Obwohl der eingefleischte Stereofan von der neuen Technik überzeugt war, dauerte es mit dem Erwerb der ersten eigenen, im Wohnzimmer untergebrachten Mehrkanal-Anlage bis ins Jahr 2000. Obwohl das eigene Heimkino ständig aufgerüstet wurde, war der Audiofan nie so richtig mit der vorhandenen Lösung zufrieden, die für ihn nicht mehr als einen Kompromiss darstellte. Nach dem berufsbedingten Umzug im Jahre 2004 wanderte das vorhandene Heimkinoset in einen freien Kellerraum und wurde bereits 2005 um den ersten Beamer erweitert, welcher seine Bilder auf die blanke Wand warf.

Die riesige Filmsammlung von Ralph W. umfasst knapp 400 Blu-rays und DVDs. Und es werden wöchentlich mehr ...

Die Entstehung

Auch mit dieser Lösung war Ralph W. noch nicht vollständig zufrieden, da er als Audio-Fachberater und später als Produktmanager eines norddeutschen Lautsprecherherstellers klanglich bessere Lösungen kennenlernen durfte. Als 2005 die Planung für das eigene Haus in Verl anstand, war klar, dass hier ein Raum für das künftige Heimkino unterkommen sollte. „So kam es, dass ich schon während der Planung auf die genaue Einhaltung einiger wichtiger Punkte achtete. Das brachte mir natürlich einige Diskussionen mit dem Architekten ein, dem z.B. die Wichtigkeit der Raumgeometrie nicht sofort beizubringen war. Wichtig war zudem, dass ausreichend Leerrohre für sämtliche Signalkabel und gleich sieben Lautsprecher gelegt werden mussten, was beim Architekten ebenfalls für Unverständnis sorgte." Letztlich begann der heute als Geschäftsführer eines Fachhandelsunternehmens in der Unterhaltungselektronik-Branche tätige Filmfan im Herbst 2006 mit der Einrichtung des eigenen Heimkinoraums, welcher perfekte Raumakustik und gemütliches Ambiente vereinen sollte. Zudem sollte ein zweistufiges Podest entstehen, auf dem zwei Sitzreihen unterkommen sollten. Zweistufig deshalb, weil hier sechs Körperschallwandler eingeplant wurden, die jede Explosion spürbar werden lassen. Ebenso war von vornherein klar, dass zwei Center eingesetzt werden sollten. Hier griff Ralph W. auf seine früheren Erfahrungen als Produktmanager zurück, in denen er mit dieser Lösung stets sehr gute Erfahrungen gesammelt hatte. Ein weiterer wichtiger Punkt war, dass das gesamte Kino aufgrund der besseren Bildqualität dunkel gehalten werden sollte, ohne dabei leblos zu wirken.

So entschied sich Ralph W. für eine schwarze Stirnwand eine dunkelgraue Farbgebung aller weiteren Wand- und Deckenflächen. Nachdem das Kino scheinbar fertiggestellt war, wurde dem akribisch zu Werke gehenden Soundtüftler relativ schnell klar, dass noch weiteres Entwicklungspotenzial bestand. So wurde das Kino zunächst um einen zweiten Subwoofer und immer wieder um neue Projektoren und Blu-ray-Player erweitert, wobei sich der Ostwestfale letztlich aufgrund des automatischen Zooms und der Schnelligkeit für das heute eingesetzte Duo entschied. Um den eigenen Akustik-Ansprüchen gerecht zu werden, kam es Anfang 2010 zum nächsten großen Upgrade. Dieses beinhaltete die Aufrüstung auf ein neues Lautsprechersystem sowie die Installation eines dritten Subwoofers inklusive automatischer Einmessung, welche speziell im Grundtonbereich eine deutliche Steigerung brachten.

Selbst die Innenseite der Eingangstür wurde bearbeitet. Unter dem dunkelgrauen Teppich dienen Dämmplatten aus dem Car-HiFi-Bereich für eine deutliche Lautstärkereduzierung in den Außenbereich

Film ab

Doch genug geredet, denn nun bitten wir um die erste Vorführung. Dieser Bitte kommt der stolze Privatkino-Besitzer mit „Das Boot“ gerne nach. Und noch bevor wir Zeit haben, uns über die Wahl dieser doch schon älteren DVD zu wundern, wird uns der Sinn klar; schon nach wenigen Augenblicken wähnen wir uns selbst an Bord der angegriffenen U96, denn hier geht es ganz klar um die Detaildarstellung: Um uns herum knarrt und quietscht es. Das ängstliche Atmen der Besatzung, das unaufhörliche Tröpfeln des eindringenden Wassers, die leise Fahrt der Turbinen – trotz der geringen Lautstärke bleibt wirklich jedes Detail ortbar und es baut sich ein nahezu perfektes Surroundfeld um uns herum auf. Inwieweit das hier agierende System in der Lage ist laut, ja geradezu explosiv zu Werke zu gehen, erleben wir dann, als die Menschen-Armee den Heimatbaum der Na`vi in Avatar angreift. Hier wird der Sinn der Drei-Subwoofer-Lösung deutlich, welche nicht nur für mehr Druck, sondern hauptsächlich für einen ausgeglicheneren und sauberen Grundton und somit für eine Klangqualität sorgt, wie wir sie bisher noch nicht so oft in privaten Lichtspielhäusern erleben durften.

Fazit

Wie gesagt, es ist für uns immer ein Erlebnis, die Privatkinos unserer Leser besuchen zu dürfen. Doch was uns hier im ostwestfälischen Verl erwartete, kann mit Fug und Recht als echtes Highlight bezeichnet werden. Dafür sorgte nicht nur die exzellente Klangqualität dieses Filmpalastes, sondern ebenso das gemütliche Flair sowie die Offenheit, Freundlichkeit und Gastfreundschaft von Ralph W. und seiner Familie, die uns hier begegnete. Wer also einmal in den Genuss einer Einladung in die Kino-Lounge kommt, sollte sich diese Gelegenheit auf keinen Fall entgehen lassen.

Das Foyer: Hier befindet sich die riesige Filmsammlung, die von einer lebensgroßen Batman-Figur bewacht wird

Interview mit Ralph W.:

Ralph, mit Eurer Kino-Lounge habt Ihr Euch den lang gehegten Traum vom eigenen Filmtheater erfüllt. Was war neben der anspruchsvollen Akustik, auf die Du ja besonderen Wert gelegt hast, der wichtigste Punkt, der unbedingt eingehalten werden musste?

Zunächst mal der Sitzkomfort. Oftmals hat mir die schlechte Sitzqualität bei Kinobesuchen den Film verleidet, so dass für mich von vorneherein feststand: Gemütliche Sessel müssen her. Um die Beamer-Bildwiedergabe optimal zu gestalten, sollte der Raum außerdem möglichst wenig Streulicht erzeugen. Daher ist die Grundfarbe in Grau gehalten und die Decke und die Leinwandseite komplett in Schwarz. Nicht zuletzt ist mir eine klare optische Linie bei der Einrichtung des Kinoraums wichtig gewesen. Aus diesem Grund gibt es nur wenige Gegenstände, abgesehen von Elektronik und Lautsprechern, die ich dort aufgestellt habe. Alle Filme, Filmfiguren etc. finden im Flur vor dem Kino einen würdigen Platz.

Deine Doppel-Center-Konstruktion ist ein wichtiger Bestandteil der exzellenten Akustik in Deinem Kino. Wie bist Du auf diese Idee gekommen?

Schon vor einigen Jahren ist mir mit meinen damaligen Kollegen aufgefallen, dass in der klassischen Heimkinosituation der akustische Schwerpunkt der Center-Wiedergabe nicht in der Bildmitte liegt, wenn nur ein Center im Spiel ist. Nachdem wir dann mit zwei Centern, einer oberhalb des Bildes und einer unterhalb des Bildes, experimentiert haben, war für mich klar: entweder eine akustisch transparente Leinwand mit einem Center genau in der Bildmitte hinter der Leinwand oder eben die „Zwei-Center-Lösung". In meinem Kinoraum, der gut 24 qm groß ist, kommt die akustisch transparente Leinwandlösung nicht infrage, da sich die Raumtiefe zu sehr verkürzen und ich damit zu nah vor dem Bild sitzen würde. Der Zugewinn an Authentizität ist in beiden Fällen phänomenal.

Natürlich setzt auch Du auf Blu-ray. Was ist für Dich hier der größte Vorteil gegenüber den Vorgängermedien?

Die Bild- und Tonqualität von DVD war ja lange Zeit wirklich nett, aber mittlerweile greife ich beim Kauf neuer Filme nur noch zur Blu-ray. Zum einen bietet das auf der Scheibe (hoffentlich enthaltene) Losless-Tonformat DTS HD Master Audio nicht nur in komplexen Actionszenen die bessere Detailauflösung, sondern insbesondere in den ruhigen Momenten mit Umgebungsgeräuschen oder Dialogen begeistert mich die BD mit einem deutlichen Zugewinn an Klarheit und Authentizität. Die Surroundkulisse bricht im Gegensatz zur DVD in solchen Momenten nicht auf „Stereo" zusammen. Zum Zweiten hat die Rauschfreiheit des Bildes, insbesondere bei neuen Filmen auf BD, einen gewissen Suchtfaktor. Wenn ich dann zum Vergleich einen älteren Film auf DVD einlege, kommt jedes Mal die gleiche Frage auf: „Wie konnte ich das jahrelang gut finden?"

Doppel-Center

Detaillösung

Stimmen kommen idealerweise aus der Bildmitte. Doch wie stellt man das an, wenn man nicht über eine akustisch transparente Leinwand verfügt, hinter der man den Centerkanal unterbringen kann? Für Ralph W. war die Lösung ganz einfach - er setzt zwei Center-Lautsprecher ein.

In einem Heimkinosystem kommt dem Mitten-Lautsprecher die größte Bedeutung zu, ist er doch sowohl für einen Teil der Surroundkulisse wie auch für die Stimmwiedergabe zuständig. Dennoch wird er oft eher stiefmütterlich behandelt, findet sich weit unter- oder oberhalb des Bildschirmes bzw. der Leinwand wieder und kann von hier meist nicht perfekt auf das Auditorium ausgerichtet werden. Abhilfe kann eine Zwei-Center-Lösung schaffen, mit welcher Ralph W. sehr gute Erfahrungen gemacht hat, die aber auch zu klanglichen Einbußen führen kann, beachtet man die wichtigsten Vorgaben nicht. Da beiden Lautsprechern ein identisches Signal zugespielt wird und man bei Verwendung eines handelsüblichen AV-Receivers keine Möglichkeit hat, die Wiedergabe eines der beiden Mitten-Lautsprecher zu beeinflussen, kommt der Platzierung und Ausrichtung des Center-Duos eine unglaublich wichtige Bedeutung zu. Um Laufzeitunterschiede, Auslöschungen und somit eine Klangverschlechterung zu vermeiden, müssen beide Boxen deshalb im gleichen Abstand zur Hörposition aufgestellt werden. Ist dies der Fall, ist eine perfekte Mittenortung gegeben, die dem Zuhörer den Eindruck vermittelt, Dialoge und Details direkt aus dem Zentrum der Leinwand zu erleben. Und genau an diese Vorgabe hat sich Ralph W. gehalten, dessen vordere Sitzreihe sich im Idealwinkel zwischen beiden Mitten-Lautsprechern befindet. Auch in der hinteren Sitzreihe bleibt dieser Effekt aufgrund der nur leicht erhöhten Sitzpositionen nahezu vollständig erhalten.

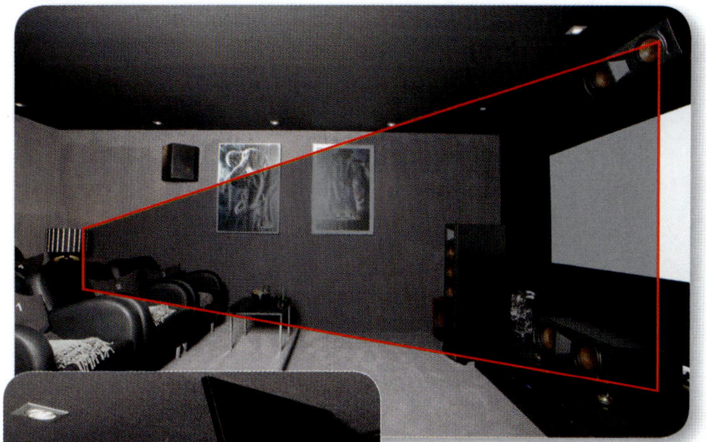

Perfekt gelöst: Beide Center sind im Idealwinkel auf die Referenzposition ausgerichtet. Während die untere Box mittels Pucks angewinkelt wurde, entstand für den oberen Center eine passgenaue, an der Decke montierte Holzbehausung

Tipps zur Doppel-Center-Anordnung:

1. Parallelschaltung: Lautsprecherkabel vom AV-Receiver zum ersten Center sowie ein zweites Boxenkabel zum zweiten Center. Diese Variante empfiehlt sich beispielsweise beim Einsatz zweier Schallwandler mit einer Impedanz von je acht Ohm und reduziert den Widerstand der Gesamtschaltung auf vier Ohm.
2. Reihenschaltung: Der Minuspol der ersten Box wird mit dem Pluspol der nächsten verbunden und empfiehlt sich bei zwei Vier-Ohm-Schallwandlern. Die Gesamtimpedanz ergibt sich aus der Summe der Einzelimpedanzen, also in diesem Fall acht Ohm.
3. Beide Lautsprecher auf die Referenzposition ausrichten.
4. Identischen Abstand zwischen beiden Centern einhalten. Ist z.B. der Abstand zur unteren Box geringer, verschiebt sich der „virtuelle Center" weiter nach unten.

Lichtspielhaus ums Bett gebaut

Heimkino für Ausgeschlafene

Ausstattung

DLP-Projektor:	Sharp XV-Z9000E
A/V-Verstärker:	Yamaha DSP-AZ1
DVD-Spieler:	Sony DVP-S9000ES
Sat-Receiver:	Humax CI-5100 (digital)
Front-Lautsprecher:	B&W 803 Series 2
Effekt-Front-Lautsprecher:	B&W DM601
Center-Lautsprecher:	Monitor Audio
Surround-Lautsprecher:	B&W DS6 (THX-Dipole)
Rear-Center-Lautsprecher:	Yamaha
Subwoofer:	B&W AS6

„Für mich bedeutet Heimkino nicht, eine Stecknadel fallen hören zu müssen. Für mich ist die Stimmung, die ein Kino ausstrahlt, wesentlich wichtiger."

Patrick B.

Text: Marcel Gonska / Fotos: Jürgen Immes

Filmbilder:
„Borgia"
Blu-ray von Studiocanal

Mit dem Bau seines 30er-Jahre-Kinos verfolgte Patrick B. nur ein Ziel: moderne Technik in der Romantik vergangener Tage erlebbar zu machen. HOME THEATERS war vor Ort, um sich vom Ambiente klassischer Theaterarchitektur verzaubern zu lassen.

Der Bau eines Heimkinos ist für Patrick B. nichts Neues. Schon zweimal betätigte sich der gebürtige Belgier als Heimkinoarchitekt, bei dessen Projekten der Kellerraum, der gleichzeitig als Schlafraum in heißen Sommernächten dient, zum privaten Lichtspielhaus umfunktioniert wurde. Zwar hatte Patrick B. Gefallen an seinen Bauten, die in der Einrichtung modernen Kinos glichen, so richtig glücklich war er mit den bisherigen Konstruktionen dennoch nicht: Erstens sind er und seine Frau bekennende Liebhaber antiker Kunst und romantischer Architektur, was sich unter anderem in der Einrichtung des Hauses mit alten Möbelstücken und Kunstgegenständen widerspiegelt. Zweitens störte permanent das Ehebett, das sich inmitten des Raumes befand und von Freunden und Bekannten nicht sonderlich gerne als Sitzgelegenheit bei Kinoabenden in Anspruch genommen wurde – bedarf es doch der Überwindung einer Hemmschwelle, die Schlafgelegenheit der Gastgeber als „gewöhnliche" Sitzfläche zu akzeptieren. Ein erneuter Umbau stand für Patrick B. somit unwiderruflich fest.
Da das neue Kino im Stil der 30er-Jahre eingerichtet werden sollte, musste in erster Linie eine neue Bettlösung her, denn auf einen kühlen Schlafraum im Sommer wollte das Ehepaar keinesfalls verzichten. Herkömmliche Bettschränke sind für die knapp zwei Meter hohe Zimmerdecke viel zu groß, und eine nach vorn ausklappbare Bettenlösung hätte die Deckenmontage eines Videoprojektors eindeutig vereitelt. Was nun? Ein Besuch der Kölner Möbelmesse und das Forschen nach alternativen Bettkonstruktionen im Internet führten zur perfekten Lösung: eine motorisch einfahrbare Lattenkonstruktion nebst elastischer Latex-Matratze der Firma Hartmann. Zwar bietet der Hersteller in seinem Sortiment diverse Schrankkonstruktionen als Fertiglösung an, das „Belitec-Schrankbett" wird jedoch auf Wunsch auch als Bausatz ausgeliefert – für Patrick B. die ideale Möglichkeit, Schlafgelegenheit und Projektionssystem in seinem 30er-Jahre-Kino zu vereinen. Nach wochenlanger Brüterei über Montageplänen der Bettenkonstruktion war es dann endlich so weit: Der Bau des Kinos konnte beginnen. Zuerst wurde nur das Bettsystem inklusive Rahmen und Seitenwänden montiert, um direkt im Anschluss die Position der Projektionskabine festzulegen. Da von Anfang an größtmögliches Kinobild gewünscht war, setzte Patrick B. die Deckenhalterung des Projektors direkt vor den Bettschrank, in den Matratze und Lattenrost senkrecht eingefahren werden. Bei der dabei entstandenen Projektionsdistanz wirft der Sharp XV-Z9000E ein 2,21 x 1,25 Meter großes Bild auf die mattweiß gestrichene und als Projektionsfläche fungierende Wand – mehr als genug, um die Relation zwischen bestem Sitzplatz und Riesenleinwand eines Multiplexkinos perfekt zu imitieren. Schritt für Schritt fuhr der Hausherr mit dem Bau seines Heimkinos fort, ohne dabei nach einem bestimmten Schema vorzugehen oder Skizzen anzufertigen: „Erst beim Bauen kommen einem die besten Ideen", so die Ehefrau des Heimkinoenthusiasten, die sich immer gerne in die Projektgestaltungen ihres Mannes einbringt. Doch nicht nur bei der Farbgestaltung des Antikkinos stand sie ihrem Mann während der siebenmonatigen Bauzeit mit Rat und Tat zur Seite: „Wenn ich mal wieder ‚schnell-schnell' machen wollte, um endlich fertig zu werden, klopfte mir meine Frau immer auf die Finger – damit auch wirklich alles ordentlich wird", so Patrick B. Und das wurde es auch: Auf den nächsten Seiten haben wir für Sie die schönsten und interessantesten Architektur- und Technikdetails zusammengetragen und geprüft, ob neben der gestalterischen Meisterleistung auch die Bild- und Toneigenschaften des Heimkinos überzeugen.

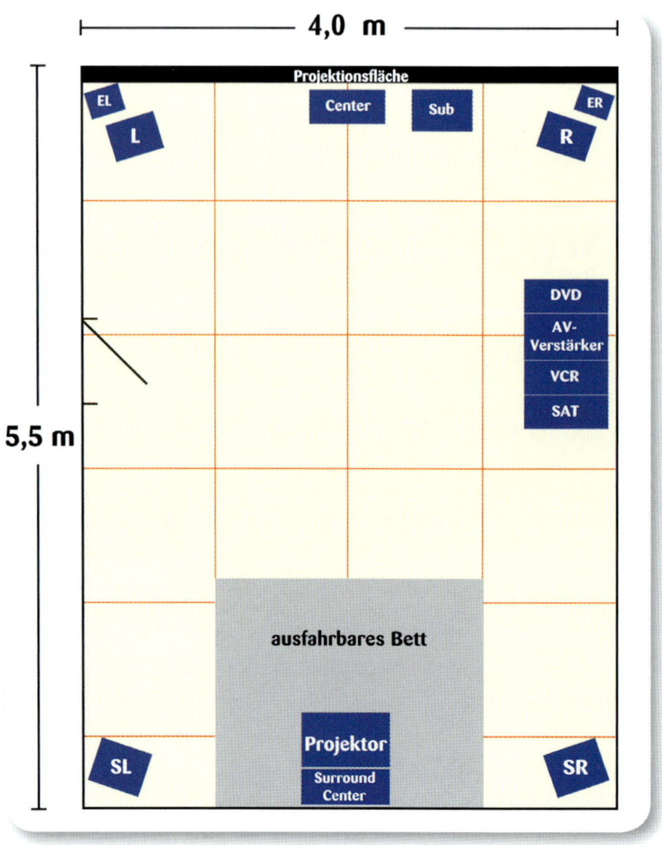

Bild- und Tontest

Selbstverständlich wollten wir das Kino auch „in Action" erleben. Dafür lauschten wir zuerst einer PCM-Aufnahme der CD „Avanti" von Curt Cress. Das dynamische Percussion-Stück löst sich sehr gut von den mächtigen B&W-803ern, die Schläge in die Magengrube bei jedem Punch der Bassdrum sind ebenso beeindruckend wie die Feinzeichnung des Mitten-Hochtonbereichs, bei dem Tom-Toms, Pauken und Becken mit erstaunlicher Luftigkeit daherkommen. Das knackig scharfe Bild, gepaart mit satten, dynamischen Farben zeigt jedes Detail an den Kostümen der brasilianischen Tänzerinnen. Mit der DVD „Fluch der Karibik" machten wir abschließend den Filmtest: Dialoge werden vom Center-Speaker deutlich und breit gefächert reproduziert, die orchestrale Filmmusik lässt den Zuschauer in die Geschichte eintauchen. Sowohl herkömmliche Zweikanalmusik als auch Aufnahmen mit mehr als sechs diskreten Tonkanälen werden vom System lebendig in Szene gesetzt – vom erstklassigen Videobild ganz zu schweigen.

Bühnenlicht
Für die Beleuchtung zeichnen original Theaterleuchten verantwortlich, denen gelbe Leuchtmittel eingesetzt wurden. In Verbindung mit der rauchgelben Wandbemalung besitzt der Raum eine eigentümliche Atmosphäre, die der einer Mischung aus antikem Theater und Jazzkeller nahe kommt – gerade letzterer Eindruck wird durch die niedrige Deckenhöhe nochmals verstärkt. Alle Lampen lassen sich mittels Düwi-Funksystem via Fernbedienung steuern, zwei dimmbare goldgelb schimmernde Glühbirnen sind im hinteren Bereich des Kinos in die Rückwand integriert.

rojektorverkleidung
/ie ein Bullauge der Titanic wirkt die Öffnung der rojektionskabine, die das Licht des Projektors zur rojektionsfläche passieren lässt. Damit ausreichende ühlung der optischen Einheit immer gewährleistet ist, urden die Seitenwände der Kabine mit eingefärbten ölzernen Heizungsgrills versehen. Übrigens: Der erschnörkelte Ring an der Projektionsöffnung ist nichts eiter als der bemalte Rand eines Papptellers.

Klassisch
Die Surroundlautsprecher thronen auf soliden Holzsäulen, die die Beschallung des Hörraums in Ohrhöhe der Zuschauer gewährleisten. Alles Antike, was in Patrick B.s Kino aufzufinden ist, wurde peu à peu zusammengesammelt und nicht gezielt gekauft. So passen nun auch die Lautsprecherstative perfekt zum Theaterambiente der 30er-Jahre.

Kabelkanal
Alle Kabel verlaufen in eigens angelegten Kabelkanälen zu den Lautsprechern: Vom Verstärker sind es 4-Quadrat-Kupferkabel, die mit der Innenseite der Lautsprecherkabel-Wandsteckdosen verbunden sind. Von den Dosen übernehmen 2-Quadrat-Kabel die Signalversorgung der Schallwandler. Insgesamt wurden in dem Kino rund 80 Meter Kabel verlegt.

„Kino-Bett" selbst gebaut

Das Futter in der Rückenlehne des „Bettsofas" besteht aus Schaumstoff, der mit künstlichem Leder verkleidet wurde. Zwischen den Kissen und um die Rückenlehne herum sorgen Messingknöpfe für authentischen „Sessellook". Auch die Wagenfrontplatte des Sofas ist mit künstlichem Leder verkleidet. Wie bereits erwähnt, ist das Sofa elektrisch ausfahrbar. Dies geschieht per Fernbedienung, mit der der Lattenrost nebst Matratze in beliebiger Länge aus dem Bettkasten gefahren werden kann. So ist das „Belitec-Bett" Sofa und Bett in einem.

Keine Leinwand
Die Vorhänge rund um die Projektionsfläche bestehen aus dunkelrotem Filz, wie eine Gardine lässt sich der Vorhang unterhalb des Podestes links und rechts zur Seite ziehen, damit sich Center-Speaker und Subwoofer klanglich voll entfalten können. Die Projektionsfläche besitzt einen mattweißen Anstrich und weist nur eine leichte Struktur auf, die sich bei hellen Bildinhalten kaum auf das projizierte Bild auswirkt. Zur subjektiven Kontraststeigerung umschließt ein schwarzer Rahmen die 2,21 x 1,25 Meter große Fläche, der für einen perfekten Bildabschluss am Bildrand sorgt. Er besteht außen aus herkömmlichem Vierkantholz, während nach innen gewölbte Zierleisten den Eindruck von mehr Bildtiefe hervorrufen.

Art Deco
Die ehemals weiße Tapete wurde aufwendig mit gelben und braunen Farbtönen künstlich „auf alt gemacht". Damit die Wände nicht alle gleich ausschauen, wurden die filigranen Verzierungen der Strukturtapete stundenlang mit den Fingern bemalt – so ist jede auf der Tapete abgebildete Säule ein farbliches Unikat. Die abschließende Lackschicht verleiht den Wänden nicht nur dezenten Oberflächenglanz, im Laufe der Zeit wird sie zudem leicht rissig, was den Raum noch älter erscheinen lässt.

Trick 17
Problematisch bei der Konstruktion der Bühne waren vor allem die Rundungen rund um die hinter Vorhängen versteckten Regale. Da die sonst verwendeten Styropor- und Holzzierleisten keineswegs elastisch sind, kam den Kinobauern die Idee, herkömmliches 4-Quadrat-Lautsprecherkabel als Zierleisten zu verlegen. Nach einem gelb-braunen Anstrich wirken auch sie wie herkömmliche Holzleisten. Im gesamten Raum verlaufen zwischen Wandoberkante und Decke Styroporleisten, die ebenfalls mühsam mit Fingerfarben „gealtert" wurden – Gleiches gilt für die ein Stück darunter verlaufenden Holzleisten, die als Abschluss der Wandverzierungen dienen.

Fazit

Patrick B.s Heimkino weiß wirklich zu verzaubern: Schon dadurch, dass aufgrund der theaterähnlichen Architektur des Raumes erstklassige Heimkinostimmung aufkommt; doch auch die technische Komponente weiß durchaus zu überzeugen. Auf unsere Frage, ob Patrick B. bereits neue Pläne für ein nächstes Heimkino hat, sagt er: „Ich werde es wieder tun. Wenn ich das nächste Mal ein Heimkino baue, dann werde ich meine Geräte noch perfekter in den Raum integrieren." Hier klopft ihm seine Frau wieder auf die Finger: „Jetzt kommt erst mal die Sauna dran!"

Klein, gemütlich und klangstark:
Heimkinotraum auf knapp 16 Quadratmetern

Kompaktkino

Ausstattung

■ Projektor:	JVC D-ILA750 (Full HD)
■ Leinwand:	16:9-Rahmenleinwand (2,15 x 1,20 m)
■ AV-Vorverstärker:	Yamaha RXV 2067
■ Endstufen:	Parasound HCS-855A + HCA-2003
■ Blu-ray-Player:	Philipps BDP-7500 MKII
■ Mediaplayer:	TVIX slim
■ Lautsprecher:	Monitor Audio Silver-Serie 8.2
■ Subwoofer-Endstufe:	Rotel RB 870 BX
■ Subw.-Einmessung:	Velodyne SMS-1

Filmbilder:
„Million Dollar Baby“
Blu-ray von Studiocanal

Text: Roman Maier / Fotos: Lars Brinkmann

Das massive Hardware-Regal entstand im Eigenbau. Es besteht aus 40 Millimeter starken Holzböden, welche aus einer nicht mehr benötigten Werkbank gesägt und anschließend geschliffen wurden. Getragen werden diese von massiven Gewindestangen, die die millimetergenaue Höheneinstellung jeder einzelnen Ebene erlauben. Einige der hier abgebildeten Geräte wurden inzwischen übrigens gegen neuere Modelle ausgetauscht

„Alle Sitze waren belegt, Popcorn und Getränke verteilt und ‚Transformers' heizte dem Auditorium ordentlich ein." Gern erinnert sich Uli O. aus Schwelm an diesen Tag im November 2008, als sich sein Traum vom eigenen Filmtheater endlich erfüllt hatte und die erste Vorstellung steigen konnte.

Bis zur Filmpremiere in Ulli O.s Kino sollte etwa ein halbes Jahr vergehen, denn der Startschuss zum eigenen Heimkino fiel bereits im April 2008. Damals begann der Filmfan aus dem Bergischen Land, sich seinen lang gehegten Traum vom eigenen Kino zu erfüllen. Da der Profimusiker schon damals um die Tücken der Raumakustik wusste, startete er sein Unterfangen mit einigen Probestücken auf seinem Instrument, um die schwerwiegendsten Raumresonanzen herauszufiltern. Anhand dieser einfachen und noch relativ unpräzisen Informationen gelangte der Familienvater zu der Erkenntnis, großvolumige Absorber in seinem Kino einzusetzen. Aufgrund der geringen Raumgröße stellte sich dies als echte Herausforderung dar, welche der Bauherr allerdings schnell meisterte. Die Lösung lag schließlich in der zweistufigen Podestkonstruktion, welche als Basis der beiden Sitzreihen dienen sollte. „Hier entschied ich mich für ein aus Kanthölzern bestehendes Gerüst, welches mit Steinwolle ausgefüllt und mittels Spanplatten verkleidet wurde und für eine deutliche Reduzierung der Raummoden sorgte", erklärt uns Uli O., während wir in seinem „SchwelmaxX" genannten Filmpalast auf Entdeckungstour gehen.

Weitere Akustikoptimierung

Nachdem sich bereits die erste Maßnahme zur Akustikoptimierung als Volltreffer herausgestellt hatte, sollte der Bau der um 16 Zentimeter abgehängten Profildecke dazu beitragen, den Klang im Heimkino nochmals zu verbessern. So setzte der Bauherr hier auf eine 30 Millimeter starke Steinwollschicht, welche direkt oberhalb der auf einem Metallgestell ruhenden Akustikplatten angebracht wurde. Die ursprünglich weißen Einlegeplatten wurden zur farblichen Anpassung mit schwarzem Akustikstoff bezogen. Letzteres dient nicht nur der optischen Integration, sondern hilft zudem, eventuell entstehende Vibrationen der Deckenkonstruktion auf ein Minimum zu reduzieren. Um den Tieftonbereich weiter zu optimieren, machte sich der Filmfan anschließend an den Bau zweier dreiseitiger Bassabsorber, welche gleich rechts neben der Leinwand platziert wurden. Diese basieren auf einem mit Sono-Rock-Dämmmaterial befüllten und mit Vlies und Bespannstoff bezogenen Holzlattengerüst und entsprechen übereinander montiert der gesamten Raumhöhe. Nach einer weiteren akustischen Testphase ging es dann darum, auch die letzten verbliebenen Raummoden besser in den Griff zu bekommen. Hier entschied sich der Schwelmer für auf Ohrhöhe montierte und über beide Seitenwände verlaufende Akustikelemente. Diese bestehen aus 10 Zentimeter starken MDF-Rahmen, die 30 Millimeter starke Sono-Rock-Platten tragen, mit einfachem Lautsprecherbespannstoff überzogen wurden und laut Uli O. im Vorher-Nachher-Vergleich für eine leichte Hochtonabsorption und eine deutlich verbesserte Stimm- und Detailreproduktion sorgten.

Schon im Foyer werden die Besucher auf das bevorstehende Filmereignis eingestimmt. Highlight ist das schicke Vordach

Notlösung, aber kein Kompromiss: Um das Fenster in der rechten Seitenwand weiter nutzen zu können, entschied sich Uli O. für den Einsatz eines nach oben klappbaren Akustikelementes. So steht der zwischenzeitlichen Frischluftzufuhr nichts mehr im Wege

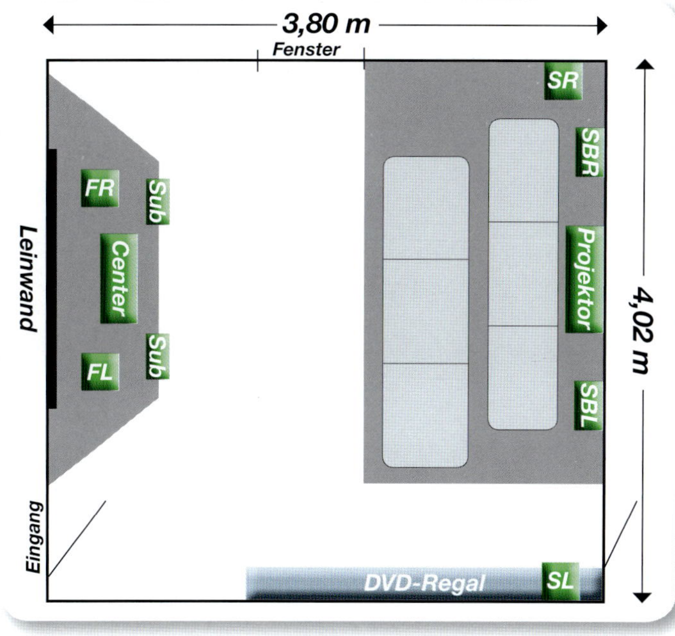

Vorausschauend

Nachdem der Akustikbau weitestgehend abgeschlossen werden konnte, ging es an die Einrichtung des künftigen Lichtspielhauses, welche mit dem Bau der kompletten Wandverkleidung begann. Diese besteht aus mit Mikrofaserstoff bezogenen Holzrahmen, die wie die eben erwähnten Akustikelemente auf einem massiven Holzständerwerk ruhen und bei Bedarf mit wenigen Handgriffen demontiert werden können. So können Wartungs- oder Austauscharbeiten ohne großen Aufwand in kürzester Zeit durchgeführt werden. Die einzige Ausnahme bildet die Unterseite der linken Seitenwand: Für diesen Bereich dachte sich der Bauherr mit dem Bau des riesigen, fest installierten Blu-ray- und DVD-Regals eine weitere Besonderheit aus. Trotz seines enormen Fassungsvermögens von rund 500 Scheiben nimmt es kaum Platz in Anspruch und dient aufgrund seiner Schachtelbauweise als Diffusor.

Leinwand und Maskierung

Mit dem anschließenden Leinwand-Selbstbau begann Uli O. dann den Bau der gesamten Frontkonstruktion. „Hier nutzte ich das leicht wellige Tuch meiner alten Rolloleinwand, welches ich auf einen Keilrahmen spannte und das jetzt seit einem Jahr seine Dienste tut", erklärt der sympathische Profimusiker. Nachdem es seinen Platz an der Stirnwand gefunden hatte, ging es an die elektrische Maskierung. Diese basiert auf vier an der Wand befestigten Holzstücken, die als Träger von vier mittels Schrittmotoren angetriebenen Gewindestangen fungieren. Die rund 35 Zentimeter langen Gewinde sind zu diesem Zweck mit je einem Schlitten bestückt, welche über ein einfaches Aluprofil die Verbindung zu den beiden extrem leichten Maskierungsbrettern herstellen und diese (durch einfaches Drehen der Gewinde) horizontal nach oben bzw. unten bewegen. Diese Konstruktion spart nicht nur eine Menge Raum, sondern erlaubt zudem die millimetergenaue Ausrichtung der Maskierungselemente.

Bild- und Soundcheck

Nach der ausgiebigen Führung durch das „SchwelmaxX-Cinema" geht es endlich in den Sound- und Bildtest, welchen wir gar nicht mehr erwarten können. „Wall-E – Der Letzte räumt die Erde auf" klärt uns schnell über die exzellente Bildqualität dieses gemütlichen Filmpalastes auf. Obwohl dunkle Szenen hier eindeutig überwiegen, erzeugen Sanyo-Beamer und Leinwand ein durchweg lebendiges und kontrastreiches Bild, in dem jedes einzelne Detail dank der perfekten Ausleuchtung der gesamten Projektionsfläche deutlich zu erkennen ist. Um die angemessene Soundunterstützung kümmert sich ein 7.2-Lautsprechersystem nach THX-Norm. Dieses sorgt für satte, druckvolle Soundtracks und auch stößt in höheren Pegellagen nicht an seine Grenzen, wie der Bauherr mit „Fluch der Karibik" eindrucksvoll unter Beweis stellt.

Fazit

Kaum zu glauben, was mithilfe einer durchdachten Planung, ein wenig handwerklichem Geschick, Mut und Fleiß so alles möglich ist. So entstand innerhalb weniger Monate ein gemütliches, bildgewaltiges und klangstarkes Heimkino, in dem Technik und Komfort zu einer Einheit verschmelzen und zu extralangen Filmnächten verführen. Wer also das Glück hat, einmal zu einer Filmsession ins „SchwelmaxX-Cinema" eingeladen zu sein, sollte sich diese Chance nicht entgehen lassen und ausreichend Zeit mitbringen.

Auch der Bau der flachen Frontbühne wurde akribisch geplant. Sie ist perfekt auf das Lautsprechersystem abgestimmt. Während die drei Frontlautsprecher auf dem Podest zum Einsatz kommen, finden sich die beiden Subwoofer in eigens zu diesem Zweck vorbereiteten Nischen. Der Clou ist die eingelassene LED-Beleuchtung sowie der mittig auf einer hinterleuchteten Glasplatte platzierte Totenkopf

Egal ob Funk oder Infrarot: Licht, Zuspieler und Projektor werden über die Philips-Universalfernbedienung „Pronto" bedient

Detaillösung

Ideen muss man haben: die perfekte Detaillösung

Kinovordach

Auf der Suche nach einem ausgefallenen Detail kam Uli O. schnell die zündende Idee: ein Foyer mit Vordach in Form einer Filmrolle, wie es in vielen großen amerikanischen Filmpalästen früher üblich war. Und dies nachzubauen war gar nicht so schwer - sehen Sie selbst.

1 Im ersten Schritt mussten zunächst zwei 125 Zentimeter tiefe Halbkreise aus massiven MDF-Platten geschnitten werden.

2 Mithilfe einer Oberfräse entstanden anschließend 9 Millimeter tiefe Ausfräsungen an der später sichtbaren Unterseite eines der beiden Halbkreise. Diese sollen an die Speichen einer Filmrolle erinnern.

3 Nachdem alle später sichtbaren Flächen nochmals geschliffen waren, wurde noch schnell eine Nut in die beiden später einander zugewandten Innenflächen der beiden Halbkreise gefräst.

4 Anschließend ging es schon an die Montage der vier Holzleisten, welche für mehr Stabilität der Gesamtkonstruktion sorgen und gleichzeitig als Abstandhalter dienen.

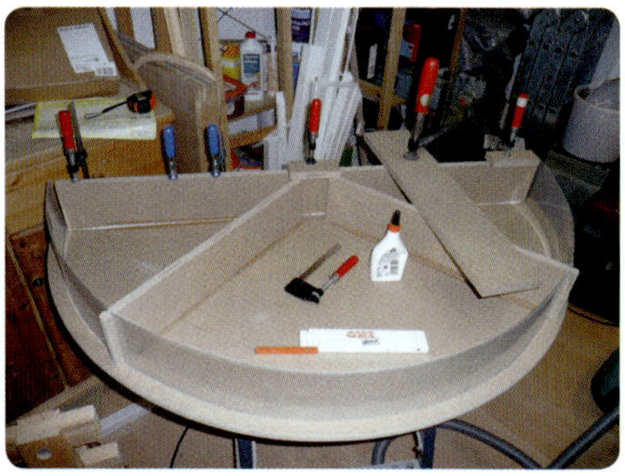

5 Nun konnten die zu diesem Zwecke zugeschnittenen Plexiglasscheiben eingesetzt werden, die in jeweils zwei Schichten perfekt in der zuvor gefrästen Nut sitzen.

6 Um die später einzusetzenden Motive ins rechte Licht zu setzen, entschied sich Uli O. für den Einsatz einfacher LED-Stripes, die in einem Abstand von wenigen Zentimetern innenseitig fixiert wurden.

7 Motive: Einfache Overhead-Folien erwiesen sich hier als Ideallösung. Diese machen nicht nur einen sehr hochwertigen Eindruck, sondern lassen sich auch extrem leicht bedrucken.

8 Um auch weiße Bildinhalte zu generieren, wurden die bedruckten Folien abschließend mit weißem Kopierpapier hinterlegt und zwischen die beiden Plexiglasschichten gesteckt.

9 Fertig: Heute prangt das riesige „SchwelmaxX"-Logo in dem kleinen, sehr nett eingerichteten Foyer und erzeugt schon hier Vorfreude auf die bevorstehende Vorführung.

Interview mit Uli O.:

Uli, in nur sieben Monaten hast Du Dir Deinen Traum vom eigenen Filmtheater erfüllt und ein sehr gemütliches Heimkino geschaffen. Welche Vorgaben hast Du dabei an Dich selbst gestellt und welche Features mussten unbedingt realisiert werden?

Wichtig war für mich als Musiker eine Art Studiokino zu bauen, mit möglichst perfekter Akustik und sehr gutem Bild. Das Kino sollte gemütlich werden, aber auch ganz klar einen Kinocharakter bekommen. Von daher kamen nur Kinosessel infrage und diese mussten möglichst in zwei Reihen aufgebaut sein, um Kinofeeling zu erzeugen. Wichtig war auch noch, nicht zu sehr in die Bausubstanz einzugreifen. Alles ist modular aufgebaut und lässt sich problemlos wieder demontieren.

Du hast uns von regelmäßigen Filmabenden in Deinem Kino erzählt. Wie oft und nach welchen Kriterien finden diese statt?

Hier waren und sind diverse Zyklen geplant. So gab es u.a. schon einen James-Bond-Zyklus. In regelmäßigen Abständen, so alle zwei Wochen finden Mottoabende statt, mit speziell designten Popcorntüten, Vorfilm, Hauptfilm und Nachbesprechung. Weitere Mottoabende sind in Planung, u.a. mit Herr der Ringe, Star Wars, Zurück in die Zukunft oder Hitchcock. Ein Schwerpunkt ist für mich, Filme auf der großen Leinwand zu zeigen, die unsere Generation noch aus Jugendzeiten aus dem Kino kennt, aber die es in den vergangenen Jahren nur im TV zu sehen gab.

Die umfangreiche Filmsammlung kann sich sehen lassen. Heute besitzt Uli O. mehr als 500 Blockbuster auf Blu-ray und DVD

Ausstattung

Für das Heimkino-Referenzkino setzen wir ausschließlich anerkannte Produkte ein, die sich durch beste Qualität und absolut neutrales Verhalten bewährten:

- Beamer: Marantz VP-11S2 (Full HD)
- Vor-/End-Kombi: Marantz AV8003 / MM8003
- Blu-ray-Player: Pioneer BDP-LX91
- Lautsprecher: 7.2-Set Teufel Theater 8 / 10
- Leinwand: WS-OS Frame
- Lautsprecherkabel: Oehlbach „Rattle Snake“
- Lautsprecherstecker: Supra
- HDMI-Kabel: Hicon „Ambience“
- Analoge und digitale Audioverkabelung: AIV „Black-Moon-Serie“
- Netzleisten: Oehlbach „Power Socket 808“, In-Akustik AC-2502-P8
- Netzkabel: In-Akustik AC-1502
- Beamerhalterung: Omnimount PMD-2

Text: Michael Voigt

„72 Stunden – The Next Three Days“ Blu-ray von Studiocanal

Die Geheimnisse des Heimkinos

So verbessern Sie die Basswiedergabe

Raumresonanzen und wie man damit umgeht

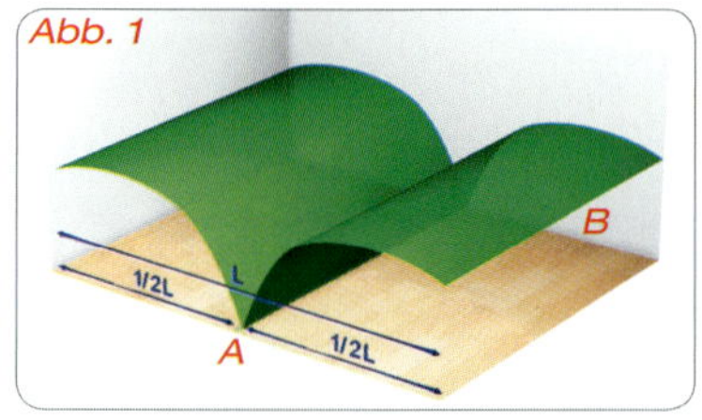

In der Raummitte (1/2 L) herrscht bei der ersten Resonanzfrequenz ein Schalldruckminimum (A), an den Raumwänden hingegen ein Schalldruckmaximum (B)

Auch in der Breite (und Raumhöhe) entstehen stehende Wellen, deren Frequenzen von der Raumbreite abhängen. Auch hier existieren „laute“ und „leise“ Stellen, allerdings bei anderen Frequenzen, sofern der Raum nicht quadratisch ist

Mit dem richtigen Know-how und einer guten Planung lässt sich JEDER Hörraum verbessern. Der Idealfall ist natürlich der, dass ein komplett leerer Raum vorhanden ist und als Heinkino geplant und ausgebaut werden kann. Im wirklichen Leben – sprich im realen Wohnzimmer – lassen sich leider nicht alle theoretischen Ideale verwirklichen. Versuchen Sie dennoch, sich dem Ideal so weit wie möglich zu nähern.

Die Akustik des Hörraums wird oft vernachlässigt. Dabei haben Einflüsse des Raumes dramatischen Einfluss auf die gesamte Klangqualität der Heimkinoanlage. Dass in einem „nackten“ Betonkeller eine 5.1-Anlage völlig anders klingt als in einem mit Teppichen, Vorhängen und Möbeln bestückten Raum, ist sicher nachvollziehbar. Schallreflexionen an Wänden, Decke und Fußboden haben einen ebenso großen Anteil am Gesamtklang wie der Direktschall vom Lautsprecher selbst und sollten unbedingt auf ein akzeptables Maß reduziert werden. Allerdings: Während Mittel- und Hochtonbereich mit Möbeln, Teppichen und anderen „alltäglichen“ Mitteln relativ leicht zu beeinflussen sind, stellt der Tiefbassbereich eine extreme akustische Herausforderung dar. Sehr tiefe Frequenzen lassen sich nur mit immensem Aufwand an riesigen Absorbern und anderen bautechnischen Maßnahmen in den Griff bekommen. Für normale Wohnräume ein unlösbares Problem? Nein, denn wer die Grundlagen der Schallausbreitung in Räumen versteht und geschickt für sich nutzt, kann ohne weitere Kosten die Tiefbasseigenschaften seiner Heimkinoanlage deutlich verbessern!

Schall

Schall ist eine Welle von Luftdruckdifferenzen, die sich im Raum ausbreitet. Eine Lautsprechermembran bewegt Luftmoleküle, die wiederum benachbarte Luftmoleküle anstoßen und so mit einer Geschwindigkeit von 344 Metern pro Sekunde durch den Raum „wandern“, bis sie letztendlich das menschliche Ohr erreichen, um dort das Trommelfell in Bewegung zu versetzen. Schall ist eine Welle, bei der sich Stellen von verdichteten Luftmolekülen und sich schnell bewegenden Luftmolekülen abwechseln. An den Stellen der verdichteten Moleküle herrscht ein hoher Schalldruck, also eine hohe Lautstärke, an den Stellen der sich „nur“ bewegenden Luftmoleküle hört man nichts.

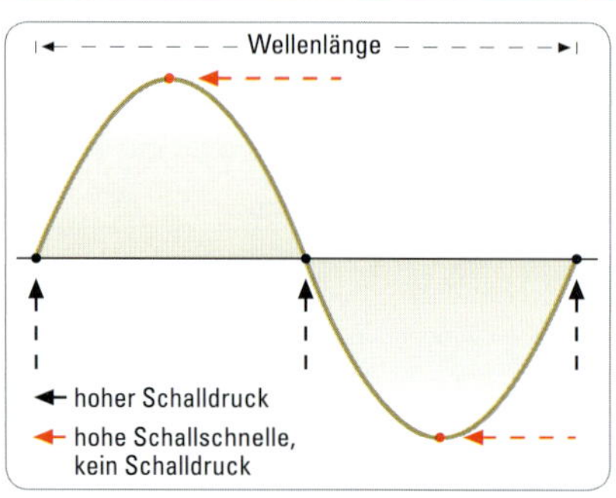

Verdichtete Luftmoleküle: hoher Schalldruck
Schnell bewegte Luftmoleküle: kein Schalldruck

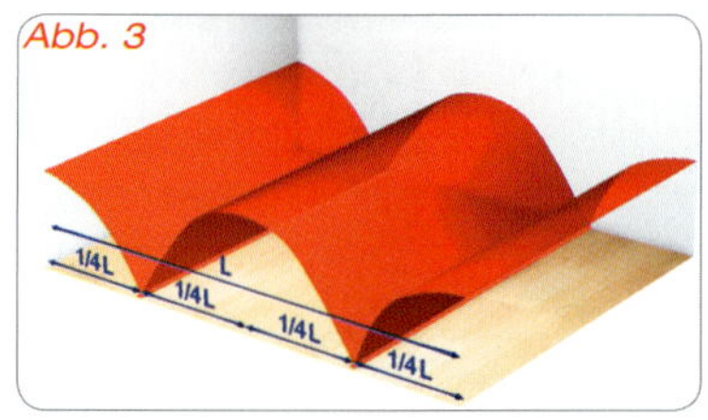

Bei der zweiten Resonanz entstehen Stellen hoher und niedriger Schalldrücke, allerdings liegen hier zwei Minima bei exakt 1/4 der Raumlänge L. Schalldruckmaxima entstehen an den Wänden und in der Raummitte

Je tiefer die Frequenz eines Tones ist, umso länger ist die Wellenlänge, also die Länge eines kompletten Ein- und Ausschwingvorgangs.

Es gilt folgende Formel:

$$\text{Wellenlänge (lambda)} = \frac{\text{Schallgeschwindigkeit } (c = 344\ \text{m/s})}{\text{Frequenz } (f)}$$

Für eine Frequenz von 50 Hz beträgt die Wellenlänge z.B. 6,8 Meter, für 1 kHz bereits nur noch 3,4 cm und für 20 kHz lediglich 0,017 cm.

Stehende Wellen – Raummoden

Bei fest gegebenen Raumabmessungen eines (meist rechteckigen) Hörraums tritt bei einer Reihe von Frequenzen das Phänomen der stehenden Wellen auf: Eine Schallwelle „passt“ aufgrund ihrer Wellenlänge exakt in den Raum, wird von den gegenüberliegenden Wänden reflektiert und überlagert sich exakt selbst. Der Effekt: Diese Frequenz wird viel zu laut reproduziert und hat einen störenden, extrem langen Nachhall. Die störenden stehenden Wellen prägen sich immer dann aus, wenn die Wandabstände die halbe Wellenlänge, eine ganze Wellenlänge, drei halbe Wellenlängen usw., also Vielfache der halben Wellenlänge sind.

Bei einer Raumlänge von 5 Metern (L) ist also nach der Formel:

$$f = \frac{c}{\text{Wellenlänge}}$$

mit stehenden Wellen bei folgenden Frequenzen zu rechnen:

$$\text{1/2 Wellenlänge } f = \frac{344\ \text{m/s}}{10\ \text{m}} = 34{,}4\ \text{Hz}$$

$$\text{1/1 Wellenlänge } f = \frac{344\ \text{m/s}}{5\ \text{m}} = 68{,}8\ \text{Hz}$$

$$\text{2/3 Wellenlänge } f = \frac{344\ \text{m/s}}{3{,}3\ \text{m}} = 103{,}2\ \text{Hz}$$

Problematisch sind zum Glück nur stehende Wellen unter 100 Hz, bei normal großen Hörräumen also die erste Resonanz (im Bsp. 34,4 Hz), die zweite Resonanz (im Bsp. 68,8 Hz) und dritte Resonanz (103,2 Hz).

Schalldruckmaxima, Schalldruckminima

An den Raumwänden herrscht IMMER ein Druckmaximum einer stehenden Welle, egal bei welcher Frequenz. In unserem Beispielraum mit 5 Metern Länge entwickelt sich eine stehende Welle von 34 Hz (erste Resonanz bei halber Wellenlänge). An den beiden Stirnwänden herrschen hohe Schalldrücke der 34-Hz-Frequenz, während exakt in der Mitte des Raumes (1/2 L = 2,5 Meter) ein Schalldruckminimum besteht. Abbildung 1 symbolisiert den Schalldruckverlauf dieser Grundresonanz im Raum. An den Stellen im Raum, an denen die grüne Fläche nahe dem Boden ist, sind 34 Hz nicht zu hören.
Nahe der Wände hingegen symbolisiert die weit über dem Boden liegende grüne Fläche hohen Schalldruck bei 34 Hz. Abb. 2 zeigt den Schalldruckverlauf in Raumbreite, Abb. 3 den der zweiten Resonanz in Raumlänge.

Der ideale Hörplatz

Trägt man für einen gegebenen Raum mit bekannter Länge und Breite die „Linien“ der Schalldruckminima für die ersten beiden Resonanzen sowohl für die Raumlänge als auch für die Raumbreite auf, ergeben sich kritische Hörpositionen (Abb. 4).

Platzierung Subwoofer

Ein Lautsprecher ist im Prinzip ein Druckgenerator für Luftmoleküle. Am besten kann ein Lautsprecher eine stehende Welle zur Schwingung anregen, wenn dieser exakt im Druckmaximum der Welle steht. Ein unnatürlich hoher Schalldruck im Raum bei dieser einzelnen Frequenz wäre die Folge und sollte unbedingt vermieden werden. Bei Aufstellung eines Subwoofers in der Raumecke würden sogar alle Grundresonanzen des Raumes angeregt. Die Lautstärke des Woofers würde zwar deutlich zunehmen, allerdings zum Preis einer dröhnenden, unpräzisen und völlig unausgewogenen Basswiedergabe.

Abb. 4

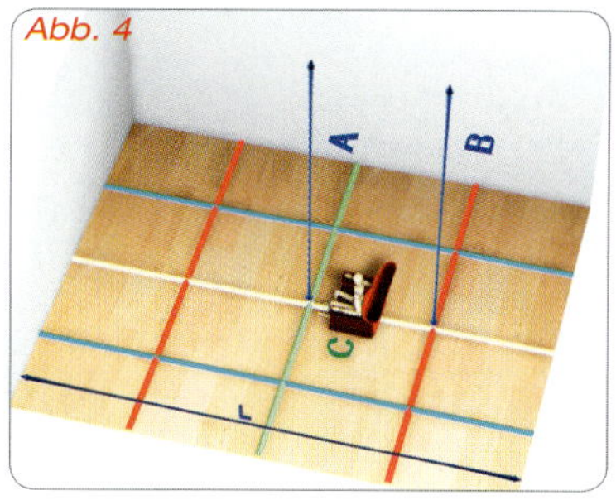

A An Position A wird ein Hörer von den Frequenzen der Grundresonanzen (Länge und Breite) kaum etwas hören, sitzt aber im Pegelmaximum der zweiten Resonanzen
B Auch Position B ist nicht ideal, hier fehlen Frequenzen der zweiten Längsresonanz
C Ziel ist es, einen ausgewogen Hörplatz zu finden, bei dem keine der Resonanzfrequenzen überbetont wird oder ein Pegelminimum hat. Ein Hörplatz direkt an der Wand ist der Ort, an dem alle Resonanzen ein Pegelmaximum haben. Ein guter Kompromiss findet sich in der Regel bei dem 0,55-Fachen, 0,68-Fachen und 0,8-Fachen der Raumlänge

Feintuning

In der Praxis besitzt jeder Raum eine Vielzahl von mehr oder weniger stark ausgeprägten Resonanzen, die von Raumabmessung, -geometrie (rechteckig, L-förmig, Türen, Durchbrüche etc.) und Beschaffenheit abhängen. Ziel ist es, am Hörplatz ein möglichst ausgewogenes Klangerlebnis zu erreichen, alle Frequenzen sollten möglichst gleich laut ertönen. Und so geht's: Besorgen Sie sich eine Test-CD mit einzelnen(!) Frequenzen, die fein abgestuft einen Bereich von 20 – 200 Hz abdecken. Am Hörplatz ermitteln Sie mit einem Schallpegelmesser (oder per Gehör) diejenigen Frequenzen, die besonders laut oder zu leise erklingen. Sind diese Frequenzen bekannt, lässt sich mit unseren Formeln ermitteln, ob es sich um eine Längs- oder Breitenresonanz handelt, denn bei bekannter Raumgröße lassen sich die Grundresonanzen ja leicht ermitteln. Verschieben Sie den zu „lauten“ Subwoofer auf eine Stelle eines Druckminimums dieser Frequenz oder einen zu „leisen“ Woofer auf ein Druckmaximum der entsprechenden Frequenz. Beispiel: In unserem Testraum (5 m x 3 m) werden 70 Hz zu laut wiedergegeben. Diese Frequenz liegt der zweiten Längsresonanz von (344 ms/5 m = 68,8 Hz) sehr nahe und kann durch Verschieben in der Raumlänge bedämpft werden. Bei 1/4 der Raumlänge hat diese Welle ein Minimum; stellen Sie den Woofer also rund 1,25 Meter von der Rückwand des Raumes auf (Abb. 6). Die 68 Hz können nicht mehr so stark angeregt werden, am Hörplatz fallen die 70 Hz also nicht mehr als zu laut auf.

Abb. 5

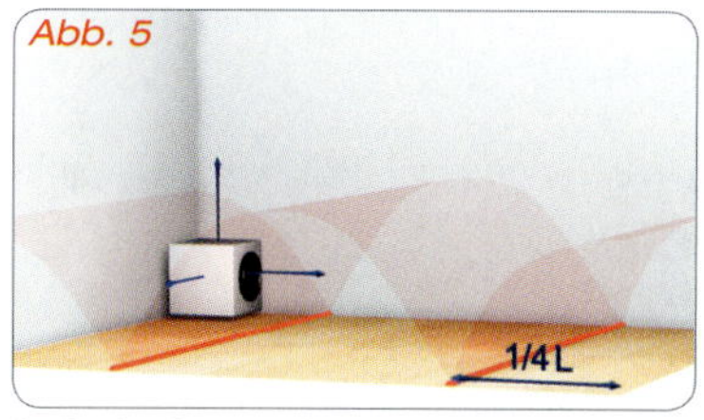

Steht der Subwoofer direkt im Maximum einer stehenden Welle, wird diese stark angeregt. Der Schalldruckverlauf dieser Frequenz im Raum wird durch die rote Fläche symbolisiert

Abb. 6

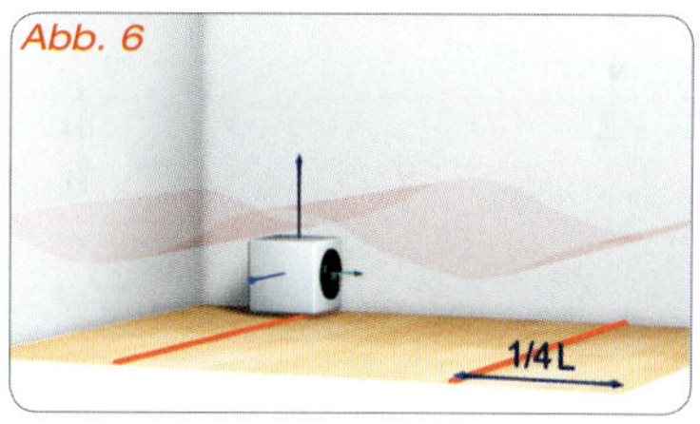

Verschiebt man den Subwoofer an die Stelle eines Schalldruckminimums, kann die stehende Welle nur sehr schwach angeregt werden. Eine deutlich schwächere Ausprägung von „lauten“ und „leisen“ Stellen im Raum bei dieser Frequenz ist die Folge, die Basswiedergabe ist deutlich ausgewogener

Fazit

Probieren geht zwar über Studieren, dennoch kann das theoretische Verständnis der Raummoden bei der Suche nach dem optimalen Hörplatz und der perfekten Subwooferaufstellung helfen. Mit dieser lässt sich die Basswiedergabe deutlich verbessern – und zwar nur mit ein wenig Geduld, einem Taschenrechner und einem Blatt Papier.

Mottokino: Das Innere der Nautilus

20.000 Meilen unter dem Meer

Ausstattung

- Projektor: Sanyo PLV-Z4
- Leinwand: Lux-Profi
  4:3-Leinwand (2,00 x 1,50 m)
- AV-Receiver: Denon AVR-2807
- DVD-Player: Sony RDR-HX710
- Lautsprecher: 2 x Quadral Rubin
  2 X JBL LX6
  1 X Jamo Center100
- Subwoofer: Panasonic SBW50

Filmbilder:
„Deep Blue“
Blu-ray von Studiocanal

Text: Roman Maier / Fotos: Stepahn Schlüter

Nervende Nebenleute, die oft unzureichende Bild- und Tonqualität sowie die lieblose Einrichtung heutiger Großraumkinos haben Olly K. dazu bewogen, sich sein eigenes Lichtspielhaus einzurichten. Was dabei herauskam, braucht keinen Vergleich zu scheuen!

Spätestens im Jahre 2005, als der Umzug in das neue Haus anstand, war für Olli K. klar, dass hier auch ein eigenes Heimkino untergebracht werden musste. Es war ebenso klar, dass das geplante Lichtspielhaus nicht unbedingt wie ein solches auszusehen hatte. Aufgrund seines Faibles für Disneys „20.000 Meilen unter dem Meer" entschied sich Olly K., sein Kino dem Inneren der Nautilus von Käpt'n Nemo nachzuempfinden. Um das Ganze so originalgetreu wie möglich zu reproduzieren, besuchte der Maispracher zuerst einmal das Disneyland in Paris, in dem eine Nachbildung der Nautilus zu bewundern ist. Hier schoss er unzählige Fotos, die ihm als Vorlagen für das geplante Lichtspielhaus dienten. Als der passende Raum gefunden und der Umzug abgeschlossen war, konnte es gleich losgehen: Zuerst einmal stand der Innenausbau an, wobei größere Eingriffe in die Bausubstanz vermieden werden sollten. Auf einer Lattenkonstruktion entstand zuerst der neue Boden. Bevor alles verschlossen wurde, legte der 38-jährige Informatiker natürlich alle Strom- und Signalkabel in die Konstruktion. Dabei achtete er darauf, dass das Ganze zukunftssicher geplant wurde, und so wurden beispielsweise auch HDMI-Kabel verlegt, obwohl zu Baubeginn kein HDMI-fähiger Projektor oder Zuspieler zur Verfügung stand. Ähnlich ging der Ausbau der Wände und der Decke voran. Nun war der Grundstock gelegt, eine Ähnlichkeit mit der legendären Nautilus war noch nicht zu erkennen. Wichtig war, das besondere Flair des Untersee-

Frontkonstruktion
Center und Subwoofer verschwinden in der massiven Leinwandbühne im Eisen-look. Bevor alles verschlossen wurde, überzeugte sich Olly K. in verschiedenen Hörtests von der akustischen Tauglichkeit dieser Konstruktion.

Teppich/Schaltzentrale
Das Passende zu finden war nicht ganz so einfach, denn neben der Grundfarbe Rot sollten sich geschwungene Elemente im Teppich wiederfinden. Fündig wurde der Schweizer schließlich bei einem Hersteller, der robuste Teppiche für englische Pubs vertreibt. Über den Arbeitgeber seiner Frau konnte das gute Stück schließlich in die Alpenrepublik importiert werden. Direkt vor dem Sofa befindet sich die ebenfalls in Metalloptik gebaute Schaltzentrale. Diese beherbergt die Verstärkereinheit sowie sämtliche Zuspieler.

Sofa
Wichtig war es, das Innere der Nautilus so echt wie möglich nachzuempfinden. Aus diesem Grund schied der Einsatz von Kinosesseln von vornherein aus. Wie im Film musste also ein geschwungenes, rotes Sofa mit Knöpfen an der Rückenlehne her. Nach langer Suche wurde Olly K. in einem deutschen Möbelhaus fündig, in dem er das passende Sofa fand. Leider war es nicht in der gewünschten Farbe lieferbar, was sich jedoch nur als kleineres Problem erwies. Glücklicherweise konnte der in mehreren Ausführungen erhältliche Dreisitzer nach den Vorgaben des Maisprachers bestellt werden.

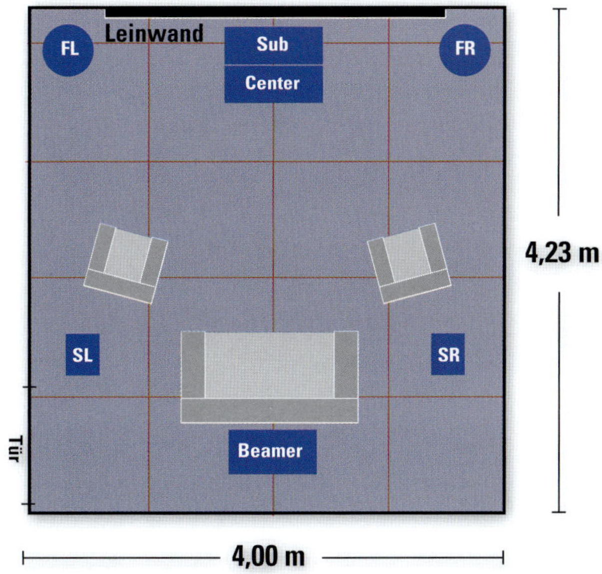

Dekoration
Seit Jahren ist der Nautilus-Fan auf der Suche nach Devotionalien, Postern oder geschwungenen Dekorationsstücken, die etwas mit seinem Lieblingsfilm zu tun haben. Da war es keine Frage, dass im neuen Heimkino ein Teil dieser Sammlung unterkommen musste.

bootes im viktorianischen Stil zwischen den Metallteilen zu generieren. Der nächste Schritt war die Reproduktion der riesigen und schwer wirkenden Rohre, die im Inneren der Nautilus zu sehen sind. Hier griff der Bauherr auf Kartonröhren aus dem Verpackungshandel zurück. Diese dienen als Lautsprecherunterkunft ebenso wie als Dekorationsteile. Der Länge nach aufgeschnittene Röhren wurden zudem unter der Decke montiert. Nachdem alle Elemente montiert waren, ging es an die Dekoration. Um die Optik eines massiven Metallrohres zu erzielen, mussten nun noch einige Nahtstellen hinzugefügt werden. Gebogene und mit Nieten besetzte Federleisten erwecken den Eindruck einer Schelle, die als Verbindungsglied zwischen zwei Rohren fungiert. Besonders interessant war die Herstellung der Nieten, die komplett von Hand erfolgte. Diese wurden aus Modeliermasse gegossen und anschließend manuell entgratet und geschliffen. Insgesamt finden sich mehr als 1.500 solcher Nieten im Heimkino. Das Tüpfelchen auf dem „i" stand noch bevor, denn nun musste das gesamte Kino gestrichen werden. Um die metallene Optik so realitätsgetreu wie möglich zu halten, griff Olly K. auf Hammerite-Metallschutzfarbe aus dem Fachhandel zurück. Diese ist einfach zu verarbeiten und lässt das Kino nicht nur im Eisenlook glänzen, sondern sorgt dank ihrer dickflüssigen Konsistenz auch für eine unregelmäßige Oberfläche der bearbeiteten Teile. Ein weiterer wichtiger Punkt war der Bau der Leinwandverblendung. Diese ist der Iris der Nautilus nahezu perfekt nachempfunden und entstand ebenfalls komplett in Eigenarbeit. Im Moment wird sie noch manuell bewegt, soll demnächst aber elektrisch betrieben werden. Die vielen kleinen Details, wie die geschwungenen Regalelemente oder die unzähligen Sammlerstücke, geben dem Kino den letzten Schliff. Wer noch nicht genug von der Nautilus hat, findet unter http://nautilus.olly.ch/kino weitere Informationen.

Fazit
Wow, was Olly K. hier geschaffen hat, kann mit Fug und Recht als Kino der Königsklasse bezeichnet werden. Mit vielen Ideen, handwerklichem Geschick, penibler Präzision und der Hilfe seiner Frau Sonja hat der Schweizer in seinem Keller etwas geschaffen, wovon andere Filmfans nur träumen dürfen. Die Tatsache, dass viele Ideen hier oftmals einfach umgesetzt wurden, zeigt, dass der Bau eines solchen Lichtspielhauses einfacher sein kann, als man auf den ersten Blick denkt – und ist unbedingt zur Nachahmung empfohlen …

Detaillösung

Wenn sich Olly K. etwas in den Kopf setzt, wird dies zuerst bis ins kleinste Detail geplant und dann akribisch umgesetzt. So auch bei der metallisch wirkenden Wandverkleidung, die aus Pappe, Holz und Lack entstand

1 *Gewusst wie: Extralange Kartonröhren werden auf die gewünschte Länge zurechtgeschnitten und mit einem Ausschnitt versehen, hinter dem später die Lautsprecher zum Einsatz kommen.*

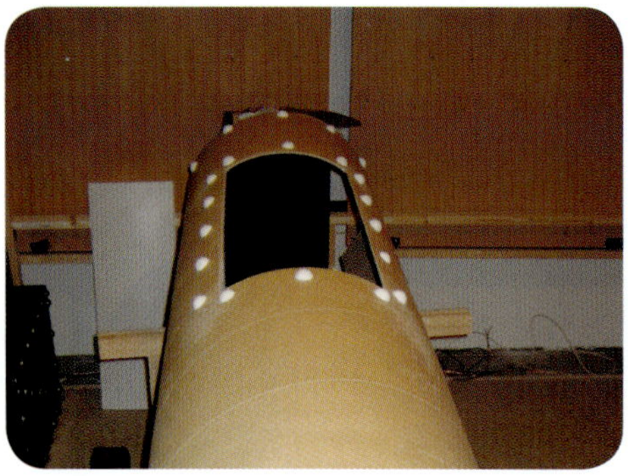

2 *Die vorbereitete Röhre wird nun mit Nieten bestückt. Diese wurden von Hand hergestellt (gegossen) und einfach auf den Karton aufgeklebt.*

3 *Nachdem alle Nieten aufgesetzt sind, kann das Element mit Hammerite-Lack bestrichen werden. Jetzt schaut das Ganze schon nach einem Teil der Nautilus aus.*

4 *Die erste Lautsprecherröhre findet ihren Platz links der Leinwand. Weitere Kartonröhren sind bereits unter der Decke befestigt und warten auf ihre Veredelung.*

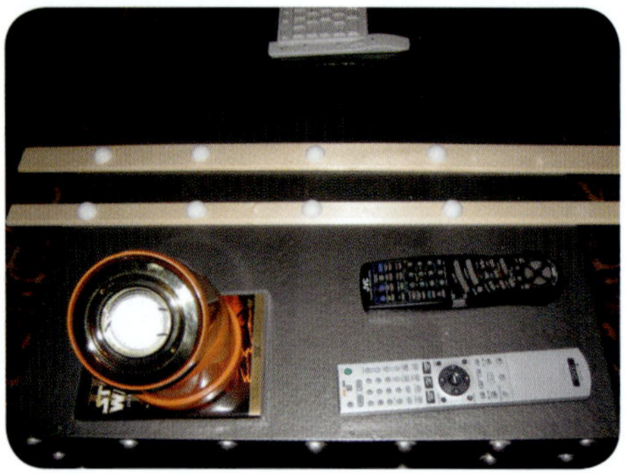

5 *Zuvor müssen noch einige Dekoelemente hergestellt werden. Mit Nieten besetzte Federleisten werden produziert …*

6 *… und kommen auch gleich zum Einsatz. In diesem Fall sollen sie später die Schnittstelle zwischen zwei Metallplatten mimen.*

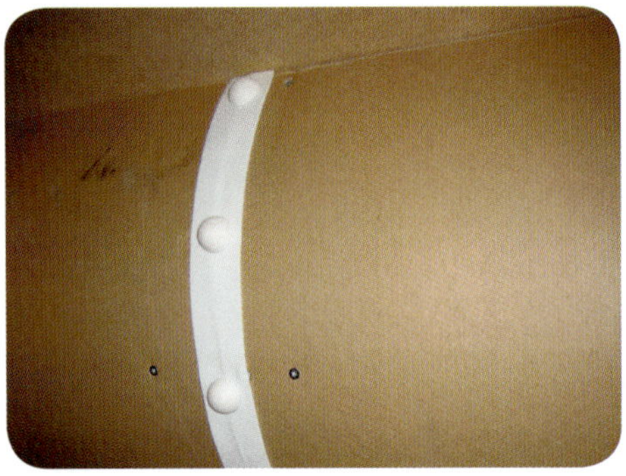

7 *Auch die Übergänge der Rohrimitationen werden verklebt und mit Nieten bestückt. Noch kann man sich nur schwer vorstellen, wie das Ganze am Ende aussieht.*

8 *Detailarbeit: Die beiden großen Röhren unter der Decke werden am Ende mit einem gelochten Deckel bestückt. Eine dieser Röhren dient übrigens als Abluftleitung vom Projektor.*

9 *Ein deutlicher Unterschied: Ein Teil der Wand ist bereits mit der silbrigen Hammerite-Farbe bestrichen. Jetzt kann man erahnen, wie das Kino später aussehen wird.*

10 *Alles ist gestrichen: Nun ist kaum noch zu erahnen, dass die Wände aus Holz und Pappe bestehen. Selbst der Projektor kommt in der Deckenkonstruktion unter und ist völlig unsichtbar.*

11 *Die Seitenwand: Die Heizung ist nicht mehr zu sehen, und auch das Fenster kann dank des schweren Vorhangs komplett verhüllt werden.*

12 *Selbst die Eingangstür erscheint im schweren Metall-Look. Das große Rad in der Mitte besteht aus Holz und lässt sich drehen. Im Bullauge befindet sich ein vergrößertes Foto aus dem Maschinenraum der Disneyland-Nautilus.*

Eine ganz spezielle Lösung hat sich Olly K. für das „Leinwandversteck“ ausgedacht. Dies wurde dem großen Sichtfenster der Nautilus nachempfunden und nahm viele Stunden Bastelarbeit in Anspruch. Es hat sich gelohnt ...

1 Der Rahmen für die Stirnwand steht. Die zwei großen Holzbretter werden auf Schienen geführt und verdecken später die Leinwand.

2 Der nächste Schritt: Jetzt ist fast die gesamte Konstruktion verkleidet. Nichts ist mehr vom Schiebemechanismus zu sehen.

3 Mittlerweile ist das Kino dank des Hammerite-Lackes in die gewünschte Metalloptik gebracht worden. Die Leinwand wirkt noch wie ein Fremdkörper.

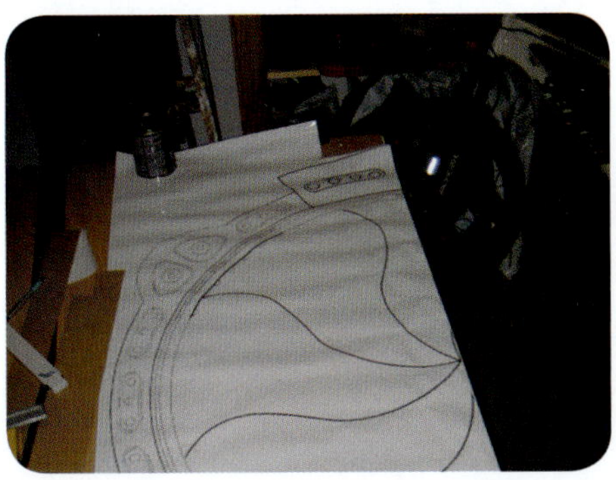

4 Jetzt geht es ans Eingemachte: Die auf Papier nachgezeichnete Skizze der „Iris“ dient als Vorlage für die Entstehung der Ornamente.

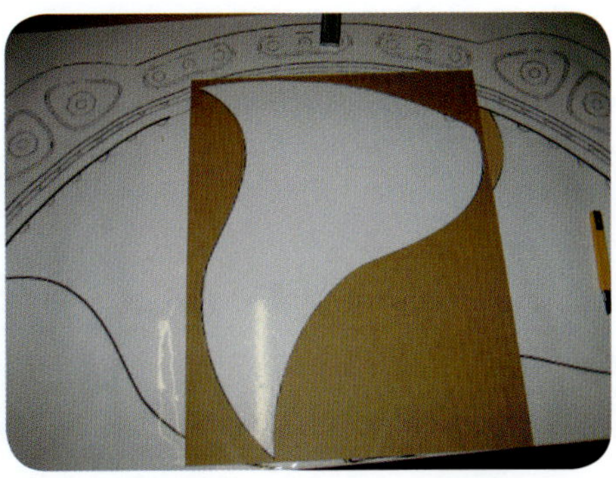

5 Die ausgeschnittenen Schablonen werden auf vorbereitete Holzteile übertragen und anschließend mit einer Stichsäge ausgeschnitten.

6 Eine Hälfte besteht aus vier großen und zwei kleinen Teilen und ist fast fertig.

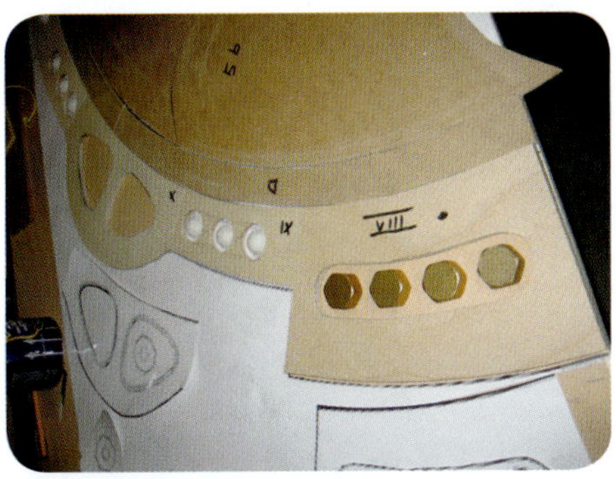

7 Die ebenfalls perfekt zugeschnittene „Fassung“ wird mit den ersten Dekoelementen bestückt. Die Schraubenköpfe funkeln bereits in leuchtendem Gold.

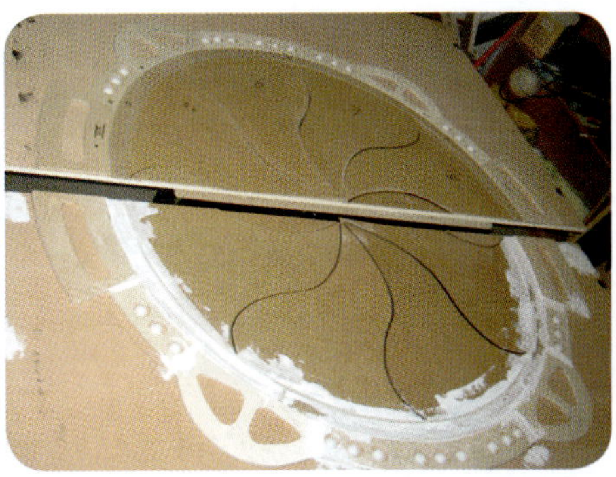

8 Es geht vorwärts: Die komplette Iris ist auf den Schiebeelementen befestigt. Wichtig ist, dass die geschwungenen Teile sich leicht überlappen.

9 Das sieht doch schon gut aus: Die erste Schiebetür ist grundiert und für die Lackierung vorbereitet.

10 Später soll die Vorrichtung in vier verschiedenen Farben glänzen. Deshalb müssen Teile der Konstruktion immer wieder abgeklebt werden.

11 Nachdem der Umriss der Fassung abgeklebt wurde, konnte auch die Fläche um die Iris herum lackiert werden.

12 Fertig: Die Schiebelemente sind lackiert und bereits eingesetzt. Die Leinwand ist nun nicht mehr zu sehen.

Ausstattung

Projektor:	Piano Plus 3200
Leinwand:	Selbstbau-Rahmenleinwand 2,0 m x 1,2 m
A/V Receiver:	Denon AVR-3802
DVD-Player:	NAD T552
Front-Lautsprecher:	Teufel Theater 3 THX Ultra
Center-Lautsprecher:	Teufel Theater 3 THX Ultra
Surround-Lautsprecher:	Teufel Theater 3 THX Ultra
Subwoofer:	2 Stk. Selbstbau (noch in Arbeit)
Kabel:	Standard
Besonderheiten:	Bass-Shaker im Sofa Lichtsteuerung Futronix P400

Filmbilder:
„Chicago"
Blu-ray von Studiocanal

Text: Roman Maier / Fotos: Lars Brinkmann

Nach dem Komplettumbau sind Ramona und Thomas absolut zufrieden mit der Performance ihres Bonsai-MaxX

Wenn wir einen Filmfan und sein Reich zum mittlerweile zweiten Male besuchen, muss es sich schon um eine ganz besondere Kino-Installation handeln. Diese Vorgaben erfüllten Thomas und Ramona F. aus Salzhemmendorf mit dem vollständigen Neubau ihres Filmpalastes und vielen, vielen Extras. Kein Wunder, dass wir noch einmal vorstellig wurden.

„Das Faible für die Klangoptimierung hatte ich schon während meiner Ausbildung zum Bild- und Ton-Mediengestalter, so dass ich schon früh sehr großen Wert auf den ordentlichen Klang meiner HiFi-Anlage legte. 1995 erstand ich meinen ersten Surroundreceiver, der in der damaligen Wohnung im Wohnzimmer aufgestellt wurde“, erklärt uns Thomas F. zu Beginn unserer Befragung. Nachdem das Heimkino in den nächsten fünf Jahren um einige Geräte (hauptsächlich immer neuere VHS-Rekorder) technisch aufgerüstet wurde, entschieden sich Thomas und Ramona im Jahre 2000 für den Kauf eines digitalen AV-Receivers und DVD-Players, welche ihren Platz in der guten Stube des inzwischen gebauten Hauses fanden. Nachdem der Ton nun stimmte, musste ein größeres Bild her. Also informierte sich Thomas über derzeit verfügbare Projektoren. Während Ramona von Thomas' Plänen, einen Projektor und einige Kinostühle im Wohnzimmer unterzubringen, nicht begeistert war, half der Zufall dem Pärchen im Jahre 2003 zum eigenen Kino.

Unverhofft kommt oft

Durch einen Baufehler des Vorbesitzers musste der im Untergeschoss befindliche Waschkeller aufgegeben werden, was völlig neue Möglichkeiten aufwarf. Kurzerhand entschloss sich das Paar, in den nun freien Räumlichkeiten den Traum vom eigenen Kino Wirklichkeit werden zu lassen. Innerhalb von drei Monaten entstand dieses. Das filmbegeisterte Paar nutzte die darauf folgenden Monate dafür, sein Lichtspielhaus immer weiter zu verfeinern, bis sich die beiden endlich trauten, eine kleine Bewerbung an die Redaktion zu senden. Das erste echte Highlight erlebte das kleine Kino bereits einige Monate später, als Thomas und Ramona erstmals Besuch vom Redaktionsteam bekamen und das Filmpalästchen in Ausgabe 11/2004 vorgestellt wurde. Angestoßen durch einige Anregungen der Redaktion wurde das Kino immer weiter optimiert, wobei Thomas dem angestrebten Ziel zwar näher kam, dieses aber nie so ganz erreichte.

Der Neubau

Ende 2006 entschied sich der Filmfan schweren Herzens, sein Kino komplett umzubauen und begann mit der ausführlichen Planung. Da diese schnell abgeschlossen war, konnte der Umbau bereits zu Ostern 2007 begonnen werden. Nachdem das Kino vollständig ausgeräumt war, ging es mit der kompletten Neuverlegung sämtlicher Strom- und Signalleitungen weiter. Der Grund dafür war ganz einfach, denn die neue Version des Bonsai-MaxX sollte nun seitenverkehrt aufgebaut werden. Außerdem sollten separate Versorgungen für jeden Stromkreis entstehen, so dass das Kino heute acht separate Stromkreise führt. Im nächsten Schritt ging es an den Bau der umlaufenden Hintergrundbeleuchtung, die aus einem einfachen Lichtschlauch besteht, der über einen Dimmer kontrolliert wird. Anschließend ging es bereits ans Tapezieren und an den Bau des neuen, um einige Zentimeter erhöhten Sitzpodestes, das den Gästen im hinteren Bereich eine bessere Sicht ermöglicht.

Akustisch transparente Leinwand

Anschließend machte sich der Niedersachse auch schon an die Installation des Lautsprechersets und die Konstruktion der Leinwandmaskierung, welche automatisch den Bau der akustisch transparenten Leinwand nach sich zog. Diese stellte sich als nicht ganz so einfach dar, sollten Moiré-Effekte auf dem Gewebe doch vermieden werden. Nach zwei Abenden war die richtige Ausrichtung des Tuches dann gefunden, so dass es am Rahmen festgetackert werden konnte. Nach dem ersten „Sehtest“ war schnell klar, dass die zunächst grau gestrichene Decke Licht von der Leinwand reflektierte und hier noch einmal Hand angelegt werden musste. So entschied sich Thomas F. für eine einfache Rahmenkonstruktion aus Holz, welche mit schwarzem Bühnen-

molton bezogen und unter die Decke gesetzt wurde. Im gleichen Zug entstand die einfache, aus vier Gewindestangen und einer Holzplatte bestehenden Projektorhalterung, welche den neu erstandenen Mitsubishi-Beamer trägt.

Eine ordentliche Be- und Entlüftung ist in einem Heimkino essenziell. Sie befindet sich im Bonsai-MaxX im Frontbereich oberhalb der Leinwand

Schöne Arbeiten

Die wichtigsten Schritte waren erledigt, so dass nun die „schönen" Arbeiten angegangen werden konnten, die mit der (bei Bedarf) schnell demontierbaren Leichtbau-Verkleidung der Front begannen. Dies hat den Hintergrund, dass Thomas sich einen schnellen und einfachen Zugang zur dahinter befindlichen Strom- und Technikverwaltung erhalten wollte. Nachdem die Teppiche gelegt und die Polstersessel installiert waren und die Dekoration ihren Platz im Kino gefunden hatte, war der Umbau des Bonsai-MaxX bereits im August 2007 beendet. Da man als Heimkinobauer aber bekanntlich nie so richtig fertig wird, entschied sich das sympathische Paar nun, auch den davor befindlichen unrenovierten Raum inklusive Kellerabgang zu renovieren. Hier wurden nicht nur sämtliche Kabel neu verlegt und verkleidet, sondern jetzt fand auch die stattliche DVD- und Blu-ray-Sammlung einen würdigen neuen Platz.

Bild- und Tondemonstration

Die Entstehungsgeschichte war schon spannend, doch nun wollen wir das Bonsai-MaxX in Aktion erleben und können die erste Filmpräsentation kaum erwarten. Dieser Bitte kommt Thomas ohne Umschweife nach und demonstriert uns einige Ausschnitte aus „Indiana Jones und das Königreich des Kristallschädels" und „Iron Man". Mit jeder Menge Druck und enormer Agilität verwandelt sich das Salzhemmendorfer Kino innerhalb weniger Augenblicke in den Ort des Geschehens und bereitet uns so viel Freude, dass wir mehr wollen. Auch auf diese Bitte hat Thomas F. die passende Antwort und klärt uns mithilfe der Robbie-Williams-DVD „Live at the Albert" über die musikalischen Fähigkeiten seines Heimkinos auf. Und auch hier zeigt sich das Bonsai-MaxX von seiner Schokoladenseite und verwöhnt uns mit livehaftigen und schwunghaften Big-Band-Rhythmen und einer unglaublich präsenten Stimmenreproduktion, wie sie beileibe nicht in vielen privaten Lichtspielhäusern zu erleben ist.

Clever: Verstärker und Zuspieler wurden einfach in die Wand eingelassen und ruhen dort auf einem Schubladenauszug, der sich nahezu vollständig ausfahren lässt. So kommt Thomas F. mühelos an alle Anschlusskabel

Auf den schick gestalteten Vorraum ist das Paar besonders stolz. Neben dem Großteil der stattlichen Blu-ray- und DVD-Sammlung finden sich hier auch einige Kinodevotionalien

Fazit

Ein Besuch bei Ramona und Thomas macht immer wieder Spaß. Davon konnten wir uns jetzt bereits zum zweiten Mal überzeugen. Doch obwohl es sich bei den beiden um unglaublich sympathische Filmfans handelt, galt unser Hauptaugenmerk dem neu gestalteten Bonsai-MaxX im Untergeschoss des Hauses, welches uns in jeder Hinsicht aufgrund seiner sehr guten Bild- und Tonqualität sowie wegen der vielen spannenden und cleveren Extras zu begeistern wusste.

Detaillösung

Ideen muss man haben: die perfekte Detaillösung

Leinwand-Vollmaskierung

Eine horizontale Maskierung hilft, den subjektiven Kontrast bei 21:9-Filminhalten auf 16:9-Bildwänden zu verbessern. Dieses Ziel hatte auch Thomas F. beim Bau seiner Leinwandmaskierung, musste sich aber etwas Besonderes einfallen lassen, da nur sehr wenig Platz für die Gesamtkonstruktion zur Verfügung stand.

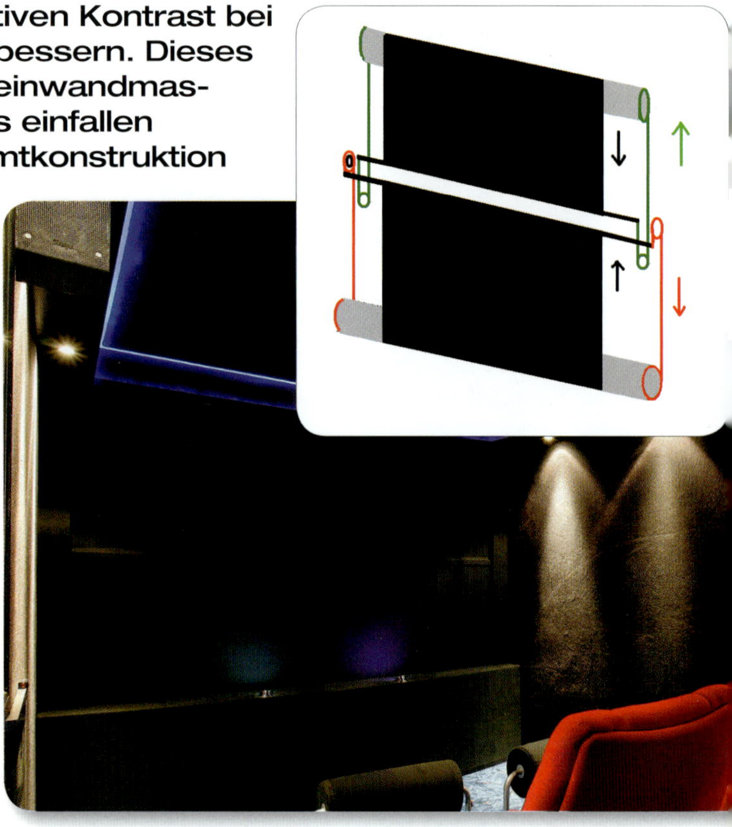

Als Basis dient in diesem Falle ein großer, auf die Wand gesetzter Holzrahmen, welcher nahezu die gesamte Raumbreite aufweist. Anschließend wurden zwei Rollladenwellen auf die obere und untere Rahmenplanke gesetzt, die mittels einfacher Scheibenwischermotoren angetrieben werden. Aufgrund der geringen Raumhöhe entschied sich Thomas F. für den Einsatz einfachen Bühnenmoltons, statt starrer Blenden als Maskierungsfläche, welches komplett auf den Rollladenwellen aufgewickelt wird. Das spart zwar eine Menge Platz, erfordert aber, dass die beiden flexiblen Masken stets auf Spannung gehalten werden müssen. Die Lösung, die sich der Bauherr für dieses Problem ausdachte, erwies sich als pfiffig und einfach umzusetzen: So helfen hier handelsübliche, über Umlenkrollen geführte Rollladenbänder, die das Molton auf Spannung halten und stramm aufwickeln. Doch wie funktioniert das im Detail? Ganz einfach: Die Rollladenbänder werden (dem Molton entgegengesetzt) auf den beiden Wellen auf- und abgewickelt, und über mittig an den beiden Außenseiten des Holzrahmens montierte Umlenkrollen an die stabilen Metallstangen geführt, die in die sichtbaren Enden der Maskierung eingenäht wurden (siehe Skizze). Kleiner Tipp: Einfache Metallfedern helfen, das Rollladenband stets auf Spannung zu führen. Wird die Maskierung geschlossen, wickelt sich das Molton auf der Welle auf, während die Bänder beim Schließen der Maskierung wieder abgewickelt werden. Das Ganze klingt nicht nur simpel umzusetzen, sondern ist es auch, wie wir selbst erleben durften.

Die Basis besteht aus einer einfachen Balkenkonstruktion, welche ihren Platz direkt vor den an der Stirnwand montierten Frontlautsprechern findet

Jede Rollladenwelle wird über einen eigenen Scheibenwischermotor angetrieben. Nur so ist die perfekte Maskierung für jedes Filmformat garantiert

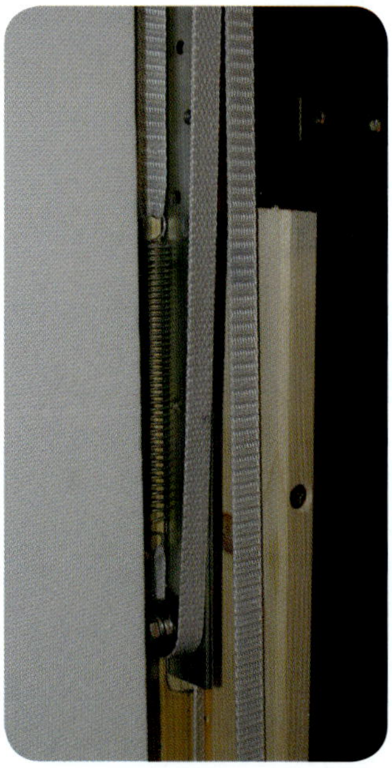

Die Führung der Maskierung geschieht über einfache Rollladenbänder. Diese sind mit massiven Metallfedern bestückt, die die Bänder stets auf Spannung halten

Materialzettel:

- Holzrahmen
- Bühnenmolton
- 4 Umlenkrollen
- 2 Metallstangen (breiter als Maskierung)
- 2 Rollladenwellen inkl. Halter
- Rollladenband
- 4 Metallfedern
- 2 Scheibenwischermotoren

Geräumiges 5.3-Wohnzimmerkino im Ägypten-Look

Selfmade-Cinema

Ausstattung

- Projektor: Barco Graphics 808 (CRT)
- Leinwand: Selbstbau Rahmenleinwand 16:9
- AV-Receiver: Pioneer VSA-E07
- Endstufen: 2 x Pioneer M90A + 2 x MusicStore ME-650
- DVD-Player: Philips DVD737 und HTPC
- Lautsprecher: Selbstbau-Hornlautsprecher
- Subwoofer: Drei Selbstbau-Woofer

Filmbilder:
„Aviator“
Blu-ray von Studiocanal

Text: Roman Maier / Fotos: Dirk Beumer

Für sein mittlerweile zweites eigenes Heimkino hat sich Christoph V. etwas ganz Besonderes ausgedacht: Großer Sound und eine imposante Kinokulisse sind die Schlagworte, die dieses Kino am besten beschreiben.

Als es Anfang 2005 an den Bau des neuen Heimkinos ging, war für Christoph V. von Beginn an klar, dass hier sowohl sein Faible fürs Kino als auch das für das geschichtsträchtige Ägypten eingebracht werden musste. Als Erstes aber die Vergrößerung des zur Verfügung stehenden Wohnzimmers an. Zu diesem Zweck entfernte der gelernte Maurer die Trennwand zum nebenan liegenden Gästezimmer und vergrößerte sein künftiges Heimkino so um etwa zwölf Quadratmeter. Nach Abschluss der Mauerarbeiten musste die Decke gestrichen werden. Nach anfänglichen Schwierigkeiten musste sie allerdings zuvor noch einmal verputzt werden. Als Nächstes stand die Erstellung der Maueroptik an. So wurden die Ecken im Raum mit Murmursteinen versehen. Diese grobsteinähnlichen Gipsplatten werden einfach mit Fliesenkleber aufgeklebt und erwecken den Eindruck eines unverfugten Steines in der Wand. Nachdem alle Murmursteine an den dafür vorgesehenen Stellen

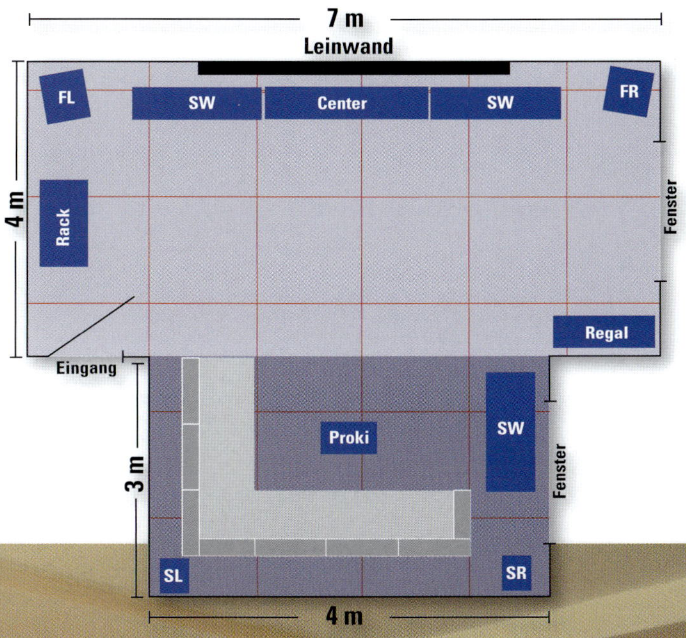

Begeistert erklärt Christoph V. HOME-THEATERS-Redakteur Roman Maier die Entstehungsgeschichte der Frontlautsprecher

aufgetragen waren, wurde der komplette Raum neu tapeziert. Der Winkel zwischen Wand und Decke wurde anschließend mit einer verzierten Styroporleiste bestückt. Der nächste Schritt war der Bau der beiden 38er-Subwoofer für den Frontbereich. Anhand der Chassisgröße war schnell klar, dass hier Gehäuse mit einem Volumen von je 200 Litern entstehen mussten. Diese wurden dann so gestaltet, dass sie gleichzeitig als Teil der Leinwandbühne eingesetzt werden können. Ein weiterer, ebenfalls selbst gebauter, Subwoofer sowie die beiden in Handarbeit entstandenen Rearspeaker beschallen den hinteren Bereich. Alle drei Schallwandler verfügen über ein Holzgehäuse im „Roststil" – eine Idee eines anderen Privatkino-Besitzers, die dem Ägypten-Kino des Filmfans gut zu Gesicht steht.

Kinovorraum
In der zum Kinovorraum umfunktionierten Diele stimmen ein knapp zwei Meter breiter Papyrus, große Fackeln, Holzfiguren und die mit weiteren Devotionalien gefüllte Schatztruhe die Besucher des Kerpener Kinos perfekt auf das bevorstehende Filmerlebnis ein.

Rearspeaker
Diese entstanden natürlich ebenfalls in Eigenarbeit. Das große Gehäuse ist mit Astlochstopfen bestückt und mit einer metallisch schimmernden Farbe bestrichen. So entsteht der Eindruck, es handele sich um einen angerosteten und mit Nieten versehenen metallenen Lautsprecher.

Rack
Zuspielelektronik und Endstufen kommen in ebenfalls selbst gebauten Racks unter. Während die drei Endstufen links im „Metallstil-Rack" unterkommen und hinter einer Stoffbespannung verschwinden können, finden AV-Verstärker, DVD-Player und zwei weitere Endstufen ihren Platz auf einer schweren Granitplatten-Konstruktion.

Projektor
Der große Barco-Röhrenprojektor wurde nach der Installation lackiert und mit ornamentverzierten Styroporleisten verblendet. So fügt auch er sich optisch perfekt in das Ägypten-Kino von Christoph V. ein.

Lautsprecher kurios

Wie bei allen anderen Lautsprechern entschied Christoph V., auch seine Frontlautsprecher selbst zu bauen. Nach Fertigstellung der in Horntechnologie entwickelten Boxen kam es zu einer kuriosen Begebenheit: Während einer zweitägigen Live-Veranstaltung in einem Festzelt in der Nähe des eigenen Zuhauses fielen dem selbstständigen Kinofan die außergewöhnlichen und leistungsstarken Horn-Bühnenlautsprecher der Veranstalter auf. Diese weckten sein Interesse derart, dass er entschied, in der folgenden Nacht dem Geheimnis der Boxen auf den Grund zu gehen. Gesagt, getan: Mit Akkuschrauber, Taschenlampe, Notizblock und Bleistift „bewaffnet" schlich sich der Rheinländer in das Festzelt. Vorsichtig wurde einer der beiden Schallwandler teilweise zerlegt und die gewonnenen Erkenntnisse zu Papier gebracht. Anhand seiner Skizzen und Notizen baute der leidenschaftliche Filmfan nun seine Traumboxen nach. Diese kommen nun, in leicht modifizierter Form und in eleganter Hochglanzlackierung, in seinem Kerpener Lichtspielhaus zum Einsatz. Die zuvor entstandenen Frontlautsprecher wurden leicht umfunktioniert und laufen nun im Parallelbetrieb als großer Center-Lautsprecher. Wie es sich für ein echtes „Selfmade-Cinema" gehört, entstand auch die Leinwand in Eigenleistung. So wurde zuerst ein massives Kantholz unter der Decke angebracht, auf dem die Schienen für die spätere Vorhangsteuerung installiert wurden. Danach wurde der drei Meter breite Rahmen mit Astlochstopfen bestückt und in Rost-optik gestrichen. Die gestrichenen Astlochstopfen erwecken den Eindruck von angerosteten Metallnieten und fügen die Leinwand so harmonisch ins Gesamtgebilde ein.

Subwoofer-Konstruktion
Die selbst gebauten Subwoofer sind gleichzeitig Teil der Bühnenkonstruktion. Als Abdeckung dient ein mit Akustikstoff bezogener Rahmen. Dieser kann ohne großen Aufwand nach oben geklappt werden und gibt so die Sicht auf die 380 Millimeter messende Tieftonmembran frei.

Fazit

Christoph V. hat in der Planungs- und Entstehungsphase seines Kinos wirklich an alles gedacht. Sowohl die an das Innere einer Pyramide erinnernde Optik als auch die antreibende Technik sind perfekt durchdacht und umgesetzt. Neben der riesigen, etwa sechs Quadratmeter messenden Leinwand sind die Selfmade-Lautsprecher in Horntechnologie die Highlights dieses Privatkinos. Durch leistungsstarke Mono-Endstufen unterstützt, sind sie in der Lage, auch größere Pegel zu realisieren. Neben der optimalen Klang- und Bildqualität besticht dieses Kino auch durch das gemütliche Ambiente. Verzierte Säulen, schöne Dekorleisten sowie kleinere Statuen gehören ebenso zur Ausstattung wie das riesige Papyrus und die alte Holzkiste vor dem Eingang.

Lautsprecher-Details

„Selbst ist der Mann“, sagte sich Christoph V. bei der Planung seines neuen Heimkinos. Die größte Hürde stellte dabei sicherlich der Bau der großen Hornlautsprecher dar, denn hier musste erst einmal das passende Werkzeug beschafft werden. Zunächst benötigte der Rheinländer eine Drehbank, und selbst diese entstand in kompletter Eigenleistung aus einem alten Kreissägenmotor. Nachdem dieser für die geplanten Zwecke etwas gedrosselt werden konnte, entstanden zuerst die Mitteltonhörner. Der nächste Schritt war der Bau des ausgeklügelten Gehäuses, welches gleich zwei 38er-Beyma-Tieftöner beheimatet. Dieses entstand aus 28 Millimeter starken MDF-Platten und wurde anschließend von einem befreundeten Lackierer in hochglänzendem Lack schwarz lackiert. Die imposante Frequenzweiche bietet neugierigen Blicken direkt hinter dem großen Mitteltonhorn freien Einblick.

Ursprünglich als Hauptlautsprecher geplant, kommen die zwei Drei-Wege-Boxen nun als Center zum Einsatz. Auch dieser wird von einer dafür vorgesehenen Endstufe angetrieben und bringt sich so perfekt ins Klangbild ein

Der Subwoofer im hinteren Bereich des Kinos befindet sich in einem Bassreflexgehäuse und arbeitet nach dem „Push-Pull-Prinzip“. Das hölzerne Gehäuse ist mit Astlochstopfen bestückt und im Rostlook gestrichen

Fertig ist das Kunstwerk: Der etwa 140 Zentimeter hohe Lautsprecher wird von einer separaten Endstufe angetrieben und ist in der Lage, auch höchste Pegel zu realisieren

Wow, die optimal bestückte Frequenzweiche sorgt für optimale „Zuspielung“ der jeweiligen Amplituden an die vier Chassis

Der Mitteltöner in der Bauphase. Der ebenfalls selbst gedrehte Hals ist bereits fertiggestellt. Jetzt muss das Horn nur noch weiß lackiert und mit dem passenden Mitteltontreiber bestückt werden

Die perfekte Integration

Double Feature

Ausstattung

- **Projektor:** Digital Projection Titan 1080p (Full HD)
- Leinwand: Davision 21:9-Rolloleinwand 4,50 x 2,53 m
- AV-Prozessor: Lexicon MC-12
- Endstufen: Lexicon + 2 x JBL Synthesis
- Blu-ray-Player: Pioneer BD LX91, Panasonic BDT310 (3D)
- DVD-Player: Denon DVD-A1
- HD-DVD-Player: Toshiba HD XE1
- Media-Player: Apple Mac Mini / Popcornhour A300
- Lautsprecher: JBL Synthesis 2/3 + SA4i (InWall)
- Subwoofer: 4 x Klipsch KW-120 THX

Filmbilder:
„The Wrestler“
Blu-ray von Studiocanal

Text: Roman Maier / Fotos: Lars Brinkmann

Wer wünscht sich nicht ein durchgestyltes Wohnzimmer, das sich auf Knopfdruck in ein klangstarkes Kino mit riesiger Leinwand verwandelt? Andy R. hat sich und seiner Familie diesen Traum erfüllt und sich ein Wohnraumtheater der Extraklasse gegönnt.

Es ist 11.00 Uhr früh, und ich befinde mich in einem etwa 46 Quadratmeter großen Wohnzimmer im Norden Deutschlands, welches auch auf den zweiten und dritten Blick nicht im entferntesten an ein Filmtheater erinnert. Vergeblich suche ich nach den Zuspielern, Lautsprechern, dem Projektor und erst recht nach der Mega-Leinwand, von der uns der Hausherr im Vorfeld berichtete. Stattdessen sehe ich ein riesiges Ledersofa nebst drei passenden Sesseln, die sich auf einer Art Podest befinden, einen Kamin, einen 50-Zoll-Plasmafernseher und hochmoderne Designmöbel, die sich perfekt ins durchweg gelungene Gesamtbild einfügen. Aber wo ist das Heimkino? Meine fragenden Blicke scheinen Andy R. zu motivieren, mit der „Kinoführung" zu beginnen, und so startet er mit der Präsentation der 4,50 Meter breiten Rolloleinwand, die direkt aus der Decke herunterfährt. Der Befehl dazu erfolgt über das große Crestron-Touchscreen-Panel, welches der Lübecker mittlerweile hervorgeholt hat.

Es geht los ...

Einem weiteren Knopfdruck folgt das automatische Öffnen zweier Schiebetüren oberhalb des Kamins, hinter welchen der große Projektor zum Vorschein kommt. Zur gleichen Zeit begibt sich der zweifache Familienvater in den Frontbereich und zieht an zwei Kordeln. Das bringt sogleich eine schwarze und etwa 50 Zentimeter breite Maskierung zum Vorschein, die den Deckenbereich direkt vor der Projektionsfläche bedeckt. Damit nicht genug, denn in den Seitenwänden befinden sich weitere schwarze Stoffflächen, die sich durch einfaches Herausziehen in Seitenmaskierungen verwandeln. Ich bin begeistert, Andy R. aber noch nicht ganz zufrieden, denn künftig sollen auch diese Schritte automatisch vollzogen werden – ein guter Grund, nochmals zu Besuch zu kommen, denke ich mir nur und freue mich schon jetzt darauf. Nachdem sich das schicke Wohnzimmer nun innerhalb weniger Sekunden langsam in ein Kino verwandelt, erfolgen sogleich die weiteren Schritte, die zur absoluten Perfektion noch fehlen: Erneut nimmt der Filmfan sein großes Bedienpanel zur Hand, kontrolliert die Raumtemperatur, wählt eine der unzähligen Lichtstimmungen und entscheidet sich dann, alle vier Fenster automatisch zu verdunkeln, was unverzüglich durch elektrisch betriebene Außenrollos realisiert wird. Das Beste soll uns immer noch bevorstehen, denn das absolute Highlight verbirgt sich unter dem eingangs erwähnten Podest, auf dem das große Sofa sowie die drei schicken Ledersessel Platz finden, die allesamt Richtung Plasma-TV aufgestellt sind. Das alles ändert sich schnell, denn nach einem weiteren Knopfdruck auf Andys „Wunderbrett" beginnt sich das gesamte Podest nahezu geräuschlos um 90 Grad im Uhrzeigersinn zu drehen und kommt nach einer knappen Minute zum Stillstand. Selbst der 50 Zoll messende Plasma-TV ist jetzt Schnee von gestern, denn nun ist die gesamte Sitzgruppe auf die Leinwand ausgerichtet, und der Kinospaß kann beginnen. Nach der ausführlichen Erklärung des nahezu unsichtbaren In-Wall-Lautsprechersets soll es dann losgehen. Gleich sieben JBL-Synthesis-Boxen und nicht weniger als vier Klipsch-Subwoofer, die mich schon im Test des THX-Ultra2-Systems beeindruckten, lassen große Erwartungen in mir aufsteigen. Diese werden bei der anschließenden Filmdemonstration des US-Blockbusters „Stirb langsam 4.0" nicht enttäuscht, denn das, was mir hier geboten wird, übertrifft alles, was ich bisher in einem Leserkino erleben durfte. Knallharte, knackige Bässe, die sich nicht nur im Ohr, sondern im gesamten Körper bemerkbar machen, ein absolut präzises und gleichzeitig detailreiches Klangbild sowie die perfekte Bilddarstellung fesseln mich von der ersten Minute an und lassen mich erst los, als der Vorführer den nächsten Streifen auswählt. Und auch hier werde ich wieder bestens unterhalten und kann gar nicht genug bekommen, was sich durch meinen Wunsch nach weiteren HD-DVD-, Blu-ray- und DVD-Demonstrationen bemerkbar macht, dem der stolze Kinobesitzer gern Folge leistet.

Letztlich wird aus der normalerweise 30-minütigen Vorführung eine mehr als zweistündige Session, die meinetwegen jetzt noch nicht hätte beendet werden müssen. Gegen 16.00 Uhr verlasse ich dann wehmütig den Ort des Geschehens und freue mich schon jetzt darauf, noch einmal vorbeikommen zu dürfen, wenn das Kino komplett automatisiert ist.

The Entertainer

Auf den ersten Blick völlig unsichtbar verbergen sich alle Verstärker- und Zuspielbausteine im Medienschrank hinter dem großen Ledersofa. Dieser ist so gestaltet, dass auch über den nebenan befindlichen Medienraum (siehe Bild) auf sämtliche Geräte zugegriffen werden kann. Hier ist zudem die gesamte Software-Sammlung des Lübeckers untergebracht, die neben unzähligen DVDs auch viele Blu-ray- und HD-DVD-Scheiben beinhaltet.

Redakteur Roman Maier, Kinobesitzer Andy R. und Xodiac-Geschäftsführer Oliver Sauermann genießen das Kinofeeling dieses Filmpalastes in vollen Zügen

Der Clou

... ist sicher die 1,5 Tonnen schwere Drehbühne, die die Podestfläche von rund 16 Quadratmetern um 90 Grad in Richtung Stirnwand dreht. Der gesamte Vorgang dauert etwa 45 Sekunden und geht nahezu geräuschlos vonstatten. Dieses System ist so ausgeklügelt, dass die gesamte Konstruktion selbst bei voller Besetzung um maximal drei Millimeter absinkt und so immer funktionsbereit bleibt. Die drei auf der Bühne befindlichen Ledersessel sind im Boden verankert und lassen sich ebenfalls um 90 Grad drehen, um jedem Besucher perfekte Sicht auf die Leinwand zu gewähren.

Fazit

Besser geht es einfach nicht: Andy R. hat hier die perfekte Symbiose aus Wohnraumambiente und Filmpalast geschaffen, in dem sich nicht nur seine Familie und Gäste rundum wohl fühlen, sondern um den ihn jeder Heimkinofan beneiden dürfte. Neben der ausgesprochen gelungenen Integration überzeugt dieses Kino zudem durch perfekte Bild- und Tonqualität, an der sich so manches Multiplexkino eine Scheibe abschneiden kann. Müsste ich eine Schulnote vergeben, hätte dieses Filmtheater ohne Weiteres eine glatte 1+ verdient!

Die komplette Lichtsteuerung erfolgt sowohl über die programmierte Crestron-Steuerung als auch über die beiden in der Wand befindlichen Lutron-Steuereinheiten

Detaillösung

Hilfe vom Profi

Noch während der Planung seines künftigen Filmtheaters entschloss sich Andy R., in Sachen Bildqualität und Akustik die Heimkinospezialisten von Fairland Cinema aus Bochum und Grobi Nord aus Jesteburg einzubeziehen. Diese Entscheidung hat sich vollends gelohnt, denn dank des großen Erfahrungsschatzes der Installationsprofis bei Wohnraumintegration und Audio- und Videotechnik erlebt der Lübecker Kinobesitzer heute atemberaubende Filmsessions, wie sie in kaum einem professionellen Kino zu finden sind.

Absorber

Gewusst wie: Schon während der Planung zog Andy R. die Audioprofis von Fairland Cinema aus Bochum hinzu, die den Raum zunächst akustisch vermaßen und auftretende Probleme wie Raummoden, Basslöcher etc. durch gezielt eingesetzte und absolut unsichtbar installierte Absorber, Diffusoren und Reflexionsflächen perfekt lösten. Wie die beiden großen Tieftonabsorber rechts und links der Leinwand sind diese komplett in den Wänden untergebracht und werden hinter farblich angepassten Dekorationsstoffen versteckt.

Doppeltür

Gut ist es, wenn man sein Kino schon vor Baubeginn planen kann. Diesen Vorteil nutzte der Lübecker auch bei der Auswahl der Zugangstür. Während der Bauherr im Alltag weiße mit großen Klarsichtscheiben versehene Schiebetüren nutzt, kommen im Filmbetrieb schwarze Holztüren zum Einsatz. Das Ganze hat auch akustische Vorteile, denn sind beide Türen geschlossen, vermindert sich der austretende Geräuschpegel um satte 17 Dezibel.

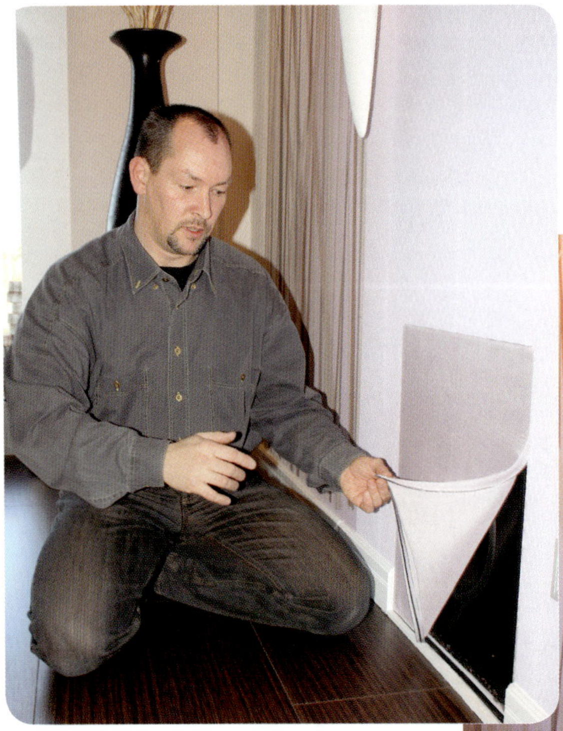

In-Wall

Den allergrößten Wert legte der zweifache Familienvater auf ein pegelfestes und zugleich klangstarkes Beschallungssystem, und auch hier hatten die Fairland-Profis die Ideallösung parat. Sie installierten hier nicht weniger als ein potentes JBL-Synthesis-System, das durch gleich vier Klipsch-THX-Subwoofer ergänzt wird, wobei das gesamte 7.4-System schon während der Bauphase in die Rück- und Seitenwände eingelassen wurde. Während die Lautsprecher sich hinter lackierten Metallgittern verbergen, entwarf der Filmfan für das Bassmeister-Quartett individuell bedruckte Stoffabdeckungen, die diese völlig unsichtbar machen.

Kontakt

Fairland Studio
Sontener Berg 9a · 44892 Bochum
Telefon: 0234 286630
www.fairland-cinema.com

Projektor

Hier griff der Bauherr auf den großen Erfahrungsschatz der Großbildprofis von Grobi Nord zurück, die in Person von Geschäftsführer Oliver Sauermann die perfekte Lösung für dieses Wohnraumkino lieferten: Der große und hochauflösende Digital-Projection-Beamer verschwindet unsichtbar in der speziell dafür vorgesehenen Kammer oberhalb des Medienschrankes und wird erst auf Knopfdruck sichtbar. Naja, sichtbar ist auch dann lediglich der große Anamorphot, der gestreckte Widescreen-Signale in formatfüllende 21:9-Bilder wandelt. Interessant ist auch die Konstruktion der Projektorbehausung, denn diese ist komplett gedämmt. So bleiben eventuell auftretende Lüftergeräusche immer außen vor, ohne den Filmgenuss zu stören.

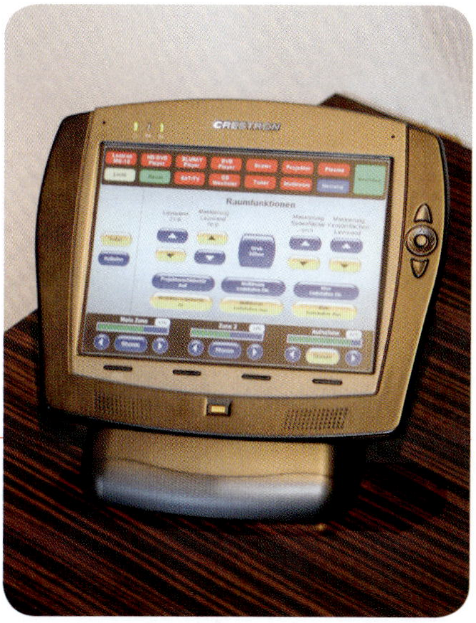

Master & Commander

Imposant gibt sich die mit einem 21 Zentimeter messenden Touchpanel ausgestattete Crestron-TPMC-Mastereinheit. Drahtlos steuert sie sowohl die gesamte Verstärker- und Zuspielelektronik inklusive Leinwand und Maskierung wie auch alle Lichtkreise und sämtliche Außenrollos. Nach dem Filmbetrieb wird sie einfach in die zugehörige Dockingstation gelegt, um die Akkus wieder aufzuladen.

Leinwand

Ein großes Kino braucht ein großes Bild, dachte sich Andy R. und entschied sich für eine nicht weniger als 4,50 Meter breite 21:9-Leinwand, die nicht nur perfekt auf den lichtstarken Beamer, sondern auch auf die Wohnbedürfnisse der Familie zugeschnitten ist. Auf seinen Befehl via Crestron-Steuerung verschwindet die Leinwand beinahe geräuschlos in der Decke. Auch diese Lösung entstand nach gemeinsamer Planung mit dem Grobi-Team, während sich das geräumige Einfamilienhaus noch im Bau befand. Liegt mal „nur" 16:9-Quellmaterial an, kann die Leinwand durch elektrisch betriebene Seitenmaskierungen (siehe Bild rechts) auf dieses Format optimiert werden.

Kontakt

Xodiac Heimkinowelt
Hauptstr. 77 · 21266 Jesteburg
Telefon: 04183 975436
www.xodiac.de

Text: Marcel Gonska, Roman Maier

Rollo-, Motor- und Rahmenleinwand-Systeme im Vergleich

Gut betucht

Es gibt drei gängige Leinwandsysteme, die im heimischen Lichtspielhaus zur Anwendung gelangen: Rollo-, Motor- und Rahmenleinwände. HOME THEATERS zeigt, welche Vor- und Nachteile die unterschiedlichen Systeme mit sich bringen und hilft Ihnen, sich für die sinnvollste Variante zu entscheiden.

Rolloleinwände

Günstigstes Leinwandsystem ist die Rolloleinwand. Grund dafür ist die simple Mechanik, die zum Leinwandauszug zum Einsatz kommt: Mittels kräftigem Federmechanismus wird das Tuch manuell aus dem Kasten gezogen und anschließend zur Fixierung eingehakt. Während der Federmechanismus bei allen Rolloleinwänden zur Anwendung gelangt, variiert die Qualität der Tuchwicklung immens: Extrem günstige Rolloleinwände verfügen über ein sehr kleines Gehäuse, in dem nur eine sehr schmale Metallrolle zur Tuchaufwicklung Platz findet. Je schmaler diese Rolle ist, desto höher ist die Biegung des Tuches bei der Aufwicklung, was dem Tuch hunderte feine Knicke in der Oberfläche beschert. Hochwertige Rolloleinwände hingegen verfügen über dickere Wickelrollen, die Tücher nicht mit zu hoher Biegung aufrollen, was die Oberfläche des Tuches schont und somit nicht mit Knicken übersät. Während Motorleinwände aus mehrfach verschweißten Vinyltüchern bestehen, muss das bei Rolloleinwänden zum Einsatz kommende Vinyltuch zum manuellen Auszug verstärkt werden. Hierzu wird das Vinyl auf ein Glasfasernetz aufgetragen, welches das Tuch verstärkt und Faltenbildung bei zu festem Herausziehen verringert. Zwar ist diese Methode sinnvoll, da reine Vinyltücher bei ruckartiger Auswicklung sofort ausleiern würden, klassische „V-Falten“ treten dennoch im Laufe der Zeit auf: Da der Griff zur manuellen Leinwandauf- und -abwicklung exakt in der Mitte der Kontergewicht-Stange an der Leinwandunterkante sitzt, und nicht immer mit gleicher Intensität am Tuch gezogen wird, kommt es im Laufe der Zeit unweigerlich zu leichter Faltenbildung. Der Vorteil von Rolloleinwänden ist der günstige Anschaffungspreis, der bei guten Einstiegstüchern mit kleiner Wickelrolle unter 100 Euro und bei Tüchern mit dicker Wickelrolle bei unter 300 Euro liegt. Für das Kino zu Hause empfiehlt sich selbstverständlich der Kauf eines 16:9-Tuches. Zur Erhöhung des subjektiven Kontrastumfangs sollte die Leinwand zudem mit einem schwarzen Rand versehen sein, da das Auge des Zuschauers so einen besseren Fokussierungspunkt gegenüber der dahinter liegenden, weißen Tapete hat.

Rolloleinwände werden manuell aus dem Kasten gezogen. Preis für 2,00 x 1,12 Meter: unter 100 Euro

Motorleinwände fahren das Tuch auf Knopfdruck aus dem Kasten. Die hier abgebildete Projektionsfläche ist mit einem Seilzugsystem ausgestattet, das Wellenbildung verhindert

Motorleinwände

Eine qualitativ höherwertige Alternative zur Rolloleinwand ist die Motorleinwand, deren Tuch elektrisch ein- und ausgefahren wird. Der Vorteil der motorischen Lösung liegt in der Zugkraft, die sich bei homogener Ab- und Aufwicklung nicht verändert und das Tuch somit nicht unnötig belastet wird. Wie bei Rolloleinwänden zeichnet eine dickere Wickelrolle für eine knickfreie Tuchoberfläche verantwortlich, weshalb Leinwände mit höherwertigem Aufrollsystem über größere Leinwandgehäuse verfügen. Problematisch bei Motorleinwänden ist ebenfalls die Faltenbildung, die nur durch bestimmte Techniken reduziert beziehungsweise verhindert werden kann. Die einfachste Methode ist die Verwendung von dickeren Vinyltüchern, die aufgrund der hohen Gummidichte (1 Millimeter) ein höheres Eigengewicht aufweisen, was für eine verbesserte Planlage sorgt. Dies verringert zwar die Faltenbildung innerhalb einer bestimmten Zeit, kann diese jedoch nicht hundertprozentig unterbinden. Hochwertige Motorleinwände verfügen deshalb über ein seitlich angebrachtes Seilzugsystem (Tension-Systeme), das die Leinwand im ausgefahrenen Zustand permanent unter Spannung hält und mit dem Tuch ein- und ausgefahren wird. Gute Motorleinwände liegen in einer Preisklasse von rund 600 bis 1.500 Euro, wobei Letztere schwerere Tücher und verbesserte Wicklungssysteme aufweisen. Tension-Leinwände kosten rund 1.800 Euro. Schalldurchlässige Seilzugleinwände zur Aufstellung von Lautsprechern hinter der Projektionsfläche sind ab 2.000 Euro zu haben. Warum sind Motorleinwände gegenüber Rolloleinwänden derartig teurer? Neben größeren und stabileren Gehäusen sind vor allem die Motoren recht teuer, wobei bei steigender Tuchdichte stärkere Motoren nebst Wicklungsstange benötigt werden. Ausgeklügelte Seilzugsysteme und hochwertige Mikroperforationen treiben die Produktionskosten ebenfalls in die Höhe, was letzten Endes in einen höheren Verkaufspreis mündet.

Rahmenleinwände

... stellen für das Heimkino die beste Wahl dar, weil das Tuch im Rahmen permanent unter Spannung gehalten wird. Es gibt mehrere Möglichkeiten, das Tuch am Rahmen zu befestigen: bei günstigen Rahmenleinwänden wird das Tuch via Gummis am Rahmen fixiert, wobei die Gummis im Laufe der Zeit ausleiern und das Tuch nicht mehr unter Spannung gehalten werden kann. Hochwertige Rahmenleinwände hingegen verfügen über ein Druckknopfsystem, bei dem das Tuch unter extrem hoher Spannung steht, was Faltenbildung verhindert. Günstige Rahmenleinwände besitzen Aluminium-Rahmenteile, die trotz schwarzer Lackierung auftreffendes Licht zum Zuschauerplatz reflektieren. Daher empfiehlt es sich, Leinwände mit Velours-Rahmen zu erwerben, da nur diese Licht perfekt absorbieren und eventuell überstehende Bildränder einschwärzen. Meist handelt es sich bei den bei Rahmenleinwänden eingesetzten Tüchern um dehnbares Vinyl. Preislich liegen diese je nach Art der Tuchbeschaffenheit und Beschichtung zwischen 500 und 2.000 Euro. Wer es sich leisten kann, sollte bei Anschaffung einer Motor- oder Rahmenleinwand nicht auf eine elektrische Maskierung verzichten, da diese den subjektiven Kontrastumfang deutlich erhöht.

Vorteil der Rahmenleinwand: Das Tuch steht permanent unter Spannung, was Wellenbildung nahezu unmöglich macht

Perfekt integriert: 7.2-Kino im Wohnzimmer

CineSuite

Ausstattung

- Projektor: BenQ W1000 (Full HD)
- Leinwand: 16:9-Rolloleinwand (2,50 x 1,40 m)
- Flat-TV: LG 60PS8000 (60-Zoll)
- AV-Receiver: Yamaha RX-V3900
- Blu-ray-Player: Sony Playstation 3
- HD-DVD-Player: Toshiba HD EP30
- Konsole: X-Box 360 S
- Lautsprecher: Heco Mythos 7.2

Filmbilder:
„Bank Job" –
Blu-ray von Studiocanal

Text: Roman Maier / Fotos: Lars Brinkmann

Die Vorgabe von Freundin Tanja war glasklar: „Ich will weder Leinwand noch Beamer sehen." Diese Worte nahm sich Bauherr Thorsten zu Herzen und erschuf eine hochgradig gelungene und ebenso bildgewaltige wie klangstarke Wohnraumintegration, die ich unbedingt besuchen und veröffentlichen musste.

„In jeder Ausgabe HEIMKINO schaue ich mir zuerst die Privatkinos an und hätte nicht geglaubt, dich einmal in meinem Heimkino empfangen zu dürfen." Mit diesen Worten bittet mich Filmfan Thorsten in sein Reich, auf dessen Erkundung ich mich in diesem Fall so richtig freue. Dafür gibt es gleich doppelt Grund: Zum einen treffe ich mit Thorsten einen alten Bekannten aus dem Heimkinoclub, in dem auch ich Mitglied bin, und zum anderen hat der Ratinger mit seiner Wohnrauminstallation wirklich etwas ganz Besonderes geschaffen.

Die Anfänge

„Bereits mit zwölf Jahren erhielt ich meine erste ITT-Anlage, welche nach und nach erweitert und verbessert wurde. Wichtig war mir damals speziell ein besseres Sounderlebnis bei den Formel-1-Live-Übertragungen im Fernsehen", klärt mich der stolze Besitzer über die Ursprünge auf, die zum Bau seines eigenen Filmpalastes geführt haben. Einige Jahre später kam Thorsten dann erstmals in den Genuss eines echten Surroundsystems, welches er bei seinem Freund erleben durfte. Besonders die Klangqualität der eingelegten „Independence-Day"-Laserdisk begeisterte den Filmfan damals so sehr, dass er sich sofort für den Kauf einer eigenen Heimkino-Anlage entschied. Gefestigt wurde diese Entscheidung durch einen weiteren Besuch bei einem zweiten Freund, welcher bereits stolzer Besitzer einer exzellent klingenden Dolby-Digital-Anlage inklusive DVD-Player war. Kurz darauf erstand der Ratinger seinen ersten eigenen Dolby-Digital-Receiver, welcher durch ein Boxenset aus vorhandenen und von Freunden geliehenen Lautsprechern ergänzt wurde und im damaligen Jugendzimmer (zum Ärgernis der Eltern) zum Einsatz kam. Der bis dahin genutzte 4:3-Fernseher wurde im gleichen Zug durch ein 84-cm-16:9-TV-Gerät ersetzt, so dass Thorsten neben dem nun großen Sound auch ein riesiges Bild erleben durfte.

Godzilla im Schlafzimmer ...

Dass man die nächtlichen Filmsessions lieber auf den Vorabend verlegen sollte, wurde Thorsten spätestens klar, als ihn seine Eltern eines Morgens mit den Worten „wenn Godzilla noch einmal nachts durch unser Schlafzimmer läuft, dann ..." begrüßten. Als 2001 der Umzug in die erste eigene Wohnung anstand, war klar, dass hier zwingend ein Heimkino inte-

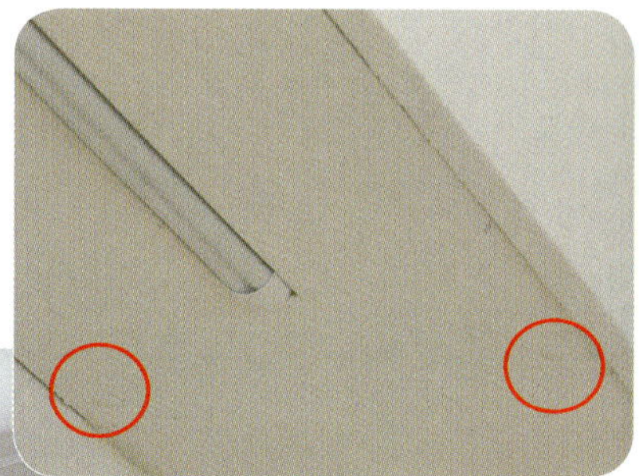

Die rund 2,50 Meter breite Leinwand verschwindet bündig in der speziell für diesen Zweck entworfenen Deckenabkofferung. Zu Wartungszwecken ist die untere Blende lediglich verschraubt, wobei sich die Schraubenköpfe hinter kleinen, weißen Kunststoffkappen verbergen

Das 1,50 Meter breite Rack entstand nach ausgiebiger Planung in kompletter Eigenarbeit und bietet der gesamten Verstärker- und Zuspielelektronik reichlich Platz

griert werden sollte, wobei sich der Rheinländer viele Tipps und Anregungen in seiner Lieblingszeitschrift HEIMKINO holte und alsbald (übrigens noch vor der neuen Möblierung) ein neues Heco-Lautsprechersystem bestellte, welches gleich in die noch leere neue Wohnung geliefert wurde. Es versteht sich natürlich von selbst, dass das neue Heimkino als Erstes, also noch vor allen anderen Möbeln, aufgebaut wurde. Und da sich Stuppi, so Thorstens Spitzname, zur Gemeinde der „Zocker" zählt, gehörte auch kurz darauf die erste Xbox zur Ausstattung des brandneuen Mehrkanalsystems, was alsbald den Kauf des ersten Flachfernsehers mit einer Bilddiagonale von 107 Zentimetern nach sich zog. Vom Heimkino-virus befallen, informierte sich Thorsten nun ständig über die neuesten Produkte, welche für ein nochmals gesteigertes Surround-Erlebnis sorgen sollten, so dass das Heimkino des Ratingers immer wieder durch neue Geräte weiter aufgerüstet wurde, wobei er die Pläne zum Kauf einer Leinwand und eines Projektors bis zu diesem Zeitpunkt aus verschiedenen Gründen verwarf. Dies sollte sich mit dem Umzug in die heute bewohnte Wohnung im März 2009 ändern, denn mittlerweile wurde dieser Wunsch auch von Freundin Tanja unterstützt, welche nach einem Besuch bei einem befreundeten Pärchen aus dem Heimkinoclub ebenfalls große Begeisterung fürs große Bild zu Hause hegte.

Perfekt integriert

Allerdings war von vornherein klar, dass das komplette Heimkinosystem nahezu unsichtbar in den Wohnraum integriert werden musste, was ein paar intelligente Ideen erforderte. Im ersten Schritt machte sich Thorsten an den Bau der rückwärtigen Wandverlängerung, welche zum einen als Raumtrenner und zum anderen als Beamerversteck dient (siehe Detaillösung). Anschließend ging es an die Konstruktion der schmalen und unauffälligen Deckenabkofferung an der Stirnwand, in der die 2,50 Meter breite und motorisch betriebene Leinwand unterkommt. Nach Abschluss dieser Arbeiten machte der Filmfan sich an den Bau der massiven Rackkonstruktion, welche das bis dahin genutzte Metall-/Glasrack ersetzte. Dabei kam dem Tischler sein beruflicher Background zugute, konnte das Rack doch so bis ins kleinste Detail nach den eigenen Vorgaben gefertigt werden. Und auch wenn es auf den ersten Blick eher unscheinbar wirkt, ist es doch bis in die letzte Ecke durchgeplant und verfügt beispielsweise über höhenverstellbare Regalböden und eine integrierte Netzleiste mit ausreichend Steckplätzen. Kurz vor meinem Besuch erstand das film- und spielebegeisterte Paar dann noch eine neue Xbox Slim mit Kinect, wobei das Gerät direkt nach der Auslieferung einen Defekt aufwies und zur Reparatur geschickt werden musste. Glücklicherweise wurde es noch während meines Besuches wieder zurückgeliefert, so dass ich auch gleich in den Genuss einer ausführlichen Spielesession kam, welche nicht nur für viel Freude sorgte, sondern mir auch körperlich einiges abverlangte.

Filmdemonstration

Während ich bereits beim Zocken jede Menge Spaß hatte und Thorsten mich im Anschluss daran von den hervorragenden Stereoeigenschaften seiner Kette überzeugte, geht es mit dem Eagles-Klassiker „Hotel California" endlich in die Mehrkanalvorführung, welche der Hausherr mit einigen von ihm ausgewählten Szenen aus „Gladiator", „Iron Man", „The Dark Knight" und „Terminator-Salvation" fortführt. Diese haben es in sich, besticht der mittlerweile zu einem dunklen Heimkino mutierte Wohnraum doch nicht nur durch exzellente Schwarzwerte und ein hervorragendes Kontrastverhältnis in der Bildwiedergabe, sondern in erster Linie durch seine sehr gute Klangperformance. Neben der feinen Detailwiedergabe und der knackigen Grundtonreproduktion ist hier zu allererst die perfekte Raumabbildung der Ratinger CineSuite zu nennen, welche ein lückenloses Surroundfeld präsentiert und das Publikum innerhalb weniger Augenblicke an den Ort der Handlung versetzt.

Fazit

Die Wohnzimmerintegration einer Riesenleinwand, eines Beamers, von sieben Lautsprechern und zwei Subwoofern ist dem film- und spielebegeisterten Paar sehr eindrucksvoll gelungen. Mehr als das, denn neben dem gemütlichen Ambiente überzeugt dieses Wohnzimmerkino durch eine sehr gute Bild- und exzellente Soundperformance, wie man sie sich besser kaum wünschen könnte und wird dem einen oder anderen Leser dieses Buches ganz sicher einige pfiffige Ideen zur Realisierung des eigenen Wohnraumkinos geben. Bravo!

Eigene Videothek:
Thorsten und Tanja vor ihrer pfiffigen Stauraumlösung, in welcher zurzeit mehr als 200 Blu-rays und DVDs unterkommen

Detaillösung

Ideen muss man haben: die perfekte Detaillösung

Das clevere Beamerversteck

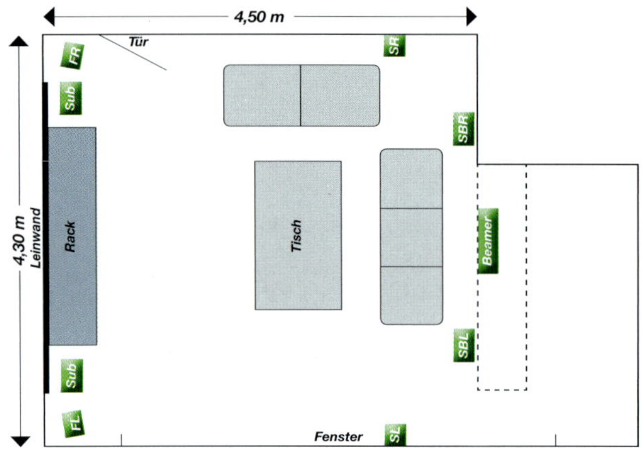

Pfiffig platzierte Schrankelemente dienen als Raumtrenner und als Stauraum der DVD- und Blu-ray-Sammlung sowie als Standort des Projektors

Entnimmt man den weißen Kabelauslass, ist die Linse des in der Wand befindlichen Benq-Beamers deutlich sichtbar

Die Integration eines Heimkinos in die gute Stube ist nicht immer ganz einfach. Während die Technik möglichst unsichtbar sein soll, wollen echte Filmfans nicht auf große Bilder und bombastischen Sound verzichten. Wie man diese beiden Punkte unter einen Hut kriegt, haben uns Tanja und Thorsten in beeindruckender Weise gezeigt.

Zum Glück ist der Mann Handwerker – und zwar Tischler im Messebau. Da es in diesem Beruf vor allem darum geht, Funktiona-lität zu generieren und gleichzeitig Platz zu sparen, war die Integration eines Heimkinos in den Wohnraum für Stuppi eine eher kleine Herausforderung. Zugute kam dem Ratinger zudem die ungewöhnliche Raumgeometrie, die sich für eine Aufteilung der knapp 20 Quadratmeter großen Fläche in Wohnraum und Büro geradezu anbot. Als Erstes entschied sich der Bauherr, einen rund 1,60 Meter breiten Teil der Rückwand mittels rückwärtig vertäfelter und tapezierter Schrankelemente so abzukoffern, dass sie als Raumteiler und als Stauraum dienen. Dieser Stauraum hat eine wichtige Bedeutung, kommen in den Schrankelementen doch nicht nur Computer und Software-Sammlung, sondern auch der Beamer unter. Dieser thront im oberen Teil der Abkofferung, welcher mittels großzügig dimensionierter Klappen zu Wartungszwecken jederzeit zugriffsbereit bleibt.

Doch wie kriegt man das Bild jetzt auf die Leinwand projiziert? Ganz einfach: Zu diesem Zweck bohrte Thorsten ein Loch in den oberen, vom Wohnzimmer aus sichtbaren Teil der neuen Abkofferung, hinter dem sich direkt die Linse des Benq-Beamers befindet. Um auch diesen eher unscheinbaren Hinweis auf einen Projektor gänzlich verschwinden zu lassen, entschied sich der Filmfan, das Loch mittels eines weißen Kabelauslasses, wie er in der Regel für Büromöbel verwendet wird, zu verschließen.

Interview mit Tanja und Thorsten S.:

Tanja, seit einiger Zeit teilst auch Du Thorstens Filmleidenschaft. Wie ist es dazu gekommen?

Filme habe ich schon immer gerne gesehen, auch im Kino. Allerdings fand ich es übertrieben, für zu Hause einen Beamer und eine Leinwand zu haben. Durch Thorsten hatten wir ja schon immer einen größeren Fernseher und eine Dolby-Digital-Anlage - das reichte mir. Erst als wir auf einem Heimkinotreffen waren und dort auch noch der Film „Mamma Mia!" auf Leinwand lief, war ich total fasziniert. Ab da war mir klar, Thorsten hatte Recht, wir brauchen auch ein solches Heimkino. Mittlerweile bin ich auch sehr anspruchsvoll in Sachen Bild und Ton geworden.

Thorsten, dank vieler pfiffiger Ideen und Tricks habt Ihr euer Heimkino perfekt in Euren Wohnraum integriert. Welcher Punkt war dabei für Euch der wichtigste ?

Wie jeder Heimkinobesitzer wollten auch wir ein großes Bild und einen Ton wie in einem richtigen Kino. Dennoch sollte es so unauffällig wie nur möglich sein, um einen für uns gemütlichen Wohnraum zu erhalten. Nur auf die Lautsprecher wollte ich nicht verzichten.

Jetzt habt Ihr ein tolles Heimkino, welches Ihr auch als Zockerhöhle nutzt. Wie oft seid Ihr in eurem Heimkino, und wie viele Filme umfasst Eure Sammlung bis heute?

Da es sich hierbei um unser Wohnzimmer handelt, nutzen wir es selbstverständlich täglich. Allerdings kommen wir nur am Wochenende bzw. auch einmal in der Woche dazu, einen Filmeabend zu gestalten. Da ich erst sehr spät mit dem Sammeln von Filmen angefangen haben, komme ich bislang auf ca. 216 Exemplare, bei denen es allerdings nicht bleiben soll.

Alles selbst gebaut:

White Theatre

Ausstattung

Projektor:	Epson EMP-TW700
Leinwand:	Celexxion 16:9-Rolloleinwand (2,30 x 1,33 m)
Blu-ray-Player:	Pioneer BD-LX08
DVD-Receiver:	Sony DAV-DZ630
Lautsprecher:	Sony SS-TS73
Blu-ray-Player:	Sony PlayStation 3
Spielkonsole:	Nintendo Wii

Filmbilder:
„Unknown Identity“ –
Blu-ray von Studiocanal

Text: Roman Maier / Fotos: Lars Brinkmann

Durchschnittlich erreichen uns monatlich rund fünfzig Zuschriften, in denen uns unsere Leser ihre Heimkinos vorstellen. Als uns die Bewerbung von Dennis und Stefanie erreichte, war sofort klar, dass wir dieses Kino einfach besuchen müssen, denn besser kann man ein Heimkino in einen Wohnraum kaum integrieren.

Dieses Mal führt uns unsere Reise ins nordrhein-westfälische Bottrop, in dem die jungen Heimkinofans Stefanie und Dennis im Obergeschoss eines schicken Mehrfamilienhauses wohnen. Mit der herzlichen Begrüßung der beiden ist die Freude über unseren Besuch deutlich spürbar und spiegelt sich in den ersten Worten des sympathischen Heimkinobesitzers Dennis wider: „Schön, dass ihr da seid. Die letzten Nächte konnte ich vor Aufregung kaum schlafen und kann es noch gar nicht glauben, dass ihr wirklich hier seid!" Das ist doch mal eine schöne Begrüßung, denken wir und stehen nur wenige Augenblicke später inmitten des Objektes unserer Begierde. Wir sind schier beeindruckt, die Begeisterung ist so groß, dass ich mir ein „Das sieht ja noch viel schöner als auf den Bildern aus" nicht verkneifen und den Stolz in den Augen der beiden Filmfans deutlich erkennen kann. Meine nächste Frage „Wie seid ihr dazu gekommen, den Dachboden und nicht euer Wohnzimmer in ein solch schönes Wohnraumkino zu verwandeln?" nimmt Dennis zum Anlass, mit der Erzählung über den Werdegang dieses gemütlichen Filmpalastes zu beginnen. „Aufgrund unserer Filmleidenschaft haben wir schon seit langer Zeit von einem eigenen Heimkino geträumt, aber nie gewusst, wie das Ganze umzusetzen ist. Im Oktober 2007 wurden die Weichen dann eher durch einen Zufall gestellt, als wir eine größere Silvesterparty im Dachgeschoss dieses Hauses planten. Da von Anfang an klar war, dass die ehemals bewohnten Räumlichkeiten grundlegend neu gestaltet werden mussten, überlegte ich mir, wie ich zwei Fliegen mit einer Klappe schlagen und hier auch gleich ein Kino unterbringen könnte. Nachdem ich mir dann viele Tipps in der HEIMKINO und in verschiedenen Foren geholt hatte, ging es ans Eingemachte", erzählt der Tischlermeister und fügt an: „Als dann kurzfristig einige Wände aufgefräst, sämtliche Signal- und Stromkabel verlegt waren, montierte ich zunächst zwei den Deckenbalken identische und selbst gebaute Holzelemente unter die Decke, in denen später die Leinwand und sämtliche Zuleitungen unterkommen sollten. Nachdem ich alle Öffnungen wieder verspachtelt und geschliffen hatte, machte ich mich in einer Nachtschicht daran, alle Wände sowie die Decke und sämtliche Deckenbalken weiß zu streichen." Auf meine erstaunten Blicke ergänzt Stefanie: „Es kam übrigens häufiger vor, dass Dennis noch eine Kleinigkeit im Kino fertigstellen wollte und dann die ganze Nacht dort gebastelt hat. Glücklicherweise immer so leise, dass ich dabei ruhig weiterschlafen konnte."

Gewusst wie: Dank der selbstgebauten Möbelstücke wird aus der zuvor kaum nutzbaren Nische ein gemütlicher Aufenthaltsort mit Kühlschrank und jeder Menge Stauraum

Zwei Sofas, ein Sessel und ein Sitzwürfel bieten auch in längeren Filmsessions reichlich Komfort

ıterview mit Dennis G.:

ɜnnis, für den Bau Eures gemütlichen Kinos hast Du Dir große Mühe gegeben und ɩgar die komplette Möblierung selbst gebaut. Was war der Antrieb, ein solches ɔjekt in Angriff zu nehmen?

er Antrieb war die Herausforderung des gesamten Pro-ɩkts. Anfangs stellte sich die Frage, was wird aus dem leer ɛehenden Dachgeschoss? Ein Kino, ein großes Wohnzim-ɩer oder doch lieber ein Partyraum? Aber warum nicht ʼles in einem? Da ich handwerklich die Möglichkeiten habe ıd es mir auch sehr viel Spaß bereitet, bestand die ein-ɡe Schwierigkeit des Projekts in der Planung, die auch die ʼrößte Zeit in Anspruch nahm.

ɛshalb habt Ihr Euch erst knapp ein Jahr nach Vollendung Eures Kinotraumes für ıe Veröffentlichung beworben?

h hatte die Idee mit der Bewerbung, war kurz darauf je-ɔch der Meinung, dass es nicht ausreichen würde und hat-ɛ ehrlich gesagt auch Angst vor einem vernichtenden Urteil. teffi hat mich jedoch bestärkt, die E-Mail rauszuschicken ıd jetzt seid Ihr hier!

ɪe Du uns erzählt hast, sind Filme deine große Leidenschaft. Erinnerst Du dich noch Deine erste DVD und daran, warum Du genau diesen Film als Ersten gekauft hast?

a ich schon als Kind (mit 11 Jahren) mit dem Modellflug be-ɔnnen habe und eine andere Leidenschaft die Fliegerei ist, ɜm anfangs nur eine DVD in Frage und diese war Top Gun. ɪese am liebsten in jeglichen Versionen.

Das perfekt auf den vorhandenen Raum und die eingesetzte Technik zugeschnittene Rack entstand ebenfalls in kompletter Eigenleistung. Hier kommt neben dem Slim-DVD-Receiver, der Wii-Konsole und dem Subwoofer auch die DVD-Sammlung unter. Mittlerweile sind Dennis und Stefanie G. auch stolze Besitzer einer Playstation 3 und einiger Blu-ray-Discs, welche sich die beiden Filmfans nur wenige Tage nach unserem Besuch zulegten

Möbelbau in Rekordzeit

Die bevorstehende Deadline im Visier machte sich der Bauherr nur wenige Tage später an die Verlegung des dunklen Laminatbodens, wobei dieses Unterfangen dank der Unterstützung seines Freundes Carsten schon nach einem halben Tag abgeschlossen werden konnte. Kaum zu glauben, dass dieses Tempo noch gesteigert werden könnte, doch was Dennis uns nun erzählt, lässt uns nur ungläubig staunen: „Nach einer Woche Pause machte ich mich an den Bau sämtlicher hier eingesetzten Möbel, den ich schon nach weiteren sieben Tagen fertiggestellt hatte.“ Hierzu sei erklärend hinzugefügt, dass es sich dabei um ein Rack, ein Regal, einen Tisch sowie ein rund vier Meter langes L-förmig gestaltetes Sideboard handelt – allesamt ideal auf den Raum abgestimmt, perfekt verarbeitet und zu einem unschlagbaren Preis-LeistungsVerhältnis. „Jetzt war das Schlimmste überstanden und endlich konnte ich mein Heimkinosystem installieren“, fährt Dennis G. fort. „Zunächst bastelte ich mir kleine abgeschrägte Holzkeile, die zum einen als Wandhalter dienen und gleichzeitig dafür sorgen, dass die Frontboxen exakt auf das Publikum ausgerichtet werden.“ Die hinteren Satelliten sind indes an den beiden Enden der Fensterbank in Ohrhöhe montiert und sorgen für echten Surroundsound, wie wir nur wenige Augenblicke später selbst feststellen dürfen. Wir nehmen Platz auf dem gemütlichen Sofa, im Player rotiert „Fluch der Karibik 3“, der uns von Anfang an Spaß bereitet; trotz ihres geringen Gehäusevolumens gelingt es den schlanken Schallwandlern, ein nahezu lückenlos aufgebautes Surroundfeld zu erschaffen, das uns schlichtweg begeistert. Das große Bild und die knackige Bassdarstellung des im Rack untergebrachten Subwoofers tun ihr Übriges und lassen uns diesen und die folgenden Filmausschnitte so erleben, als säßen wir in einem der bequemen Kinosessel eines Multiplex-Filmpalastes, in dem die Zeit wie im Fluge vergeht.

Fazit

Wer das schön ausgebaute Dachgeschoss dieses Hauses betritt, ahnt zunächst nichts von der beeindruckenden Verwandlungsfähigkeit dieses Wohnraumes. Auf Knopfdruck beginnt die Verwandlung, die aus dem geschmackvoll eingerichteten Raum einen klangstarken Filmpalast mit Riesenbild werden lässt, das wirklich jeden Besucher in seinen Bann zieht. Besser kann man ein Heimkino nun wirklich kaum in einen Wohnraum integrieren. Übrigens: Den gesamten Umbau des Dachgeschosses schlossen Dennis und Stefanie bereits zwei Wochen vor ihrem selbst gesteckten Ziel ab!

Tipp: **Ausrichtung der Lautsprecher**

Ein wichtiger und oft unterschätzter Punkt ist die Ausrichtung des Centerlautsprechers. Um eine möglichst perfekte Sprach- und Detailverständlichkeit zu erreichen, empfiehlt sich die direkte Ausrichtung auf die Referenzposition. Auch alle weiteren Schallwandler eines Heimkinosystems sollten nicht ohne Bedacht aufgestellt werden. Hier lohnt sich der ausführliche Hörtest, indem die Lautsprecher zunächst paralell zueinander ausgerichtet und anschließend in kleinen Schritten auf den Hörer eingedreht werden, bis die ideale Position gefunden ist. Hierzu eignet sich beispielsweise die HEIMKINO Referenz-Test-DVD.

Maßgeschneidert: Die motorisch angetriebene Leinwand verschwindet in dem zu diesem Zweck errichteten Deckenelement, welches kaum von den weiß gestrichenen Trägerbalken zu unterscheiden ist. Für echten Kinosound sorgen fünf schlanke Sony-Schallwandler, die perfekt auf die Referenzposition ausgerichtet sind und uns in Sachen Surround- und Detaildarstellung positiv überraschen

Träume werden wahr: das Heimkino auf Knopfdruck

Perfekt integriert

Ausstattung

- Projektor: Epson EMP-TW1000 (Full HD)
- Leinwand: WS-Spalluto 16:9-Rolloleinwand (2,90 x 1,63 m)
- AV-Receiver: Onkyo TX NR905
- Blu-ray-Player: Sony RMT-B103P
- DVD-Rekorder: Sony RDR-GX3
- Settop-Box: TechniSat HD-S2
- Lautsprecher: Revox Elegance, Canton IW800
- Subwoofer: Yamaha YST-SW300

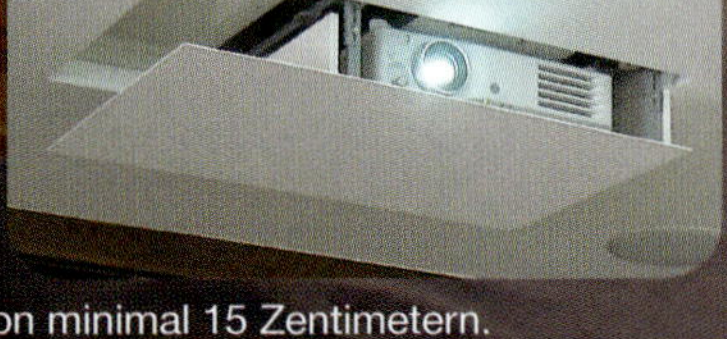

Tipp:
Die Ideallösung für abgehängte Decken: Der Beamerlift. Modelle des Schweizer Heimkinospezialisten Weibel werden elektrisch betrieben und erlauben eine Einbautiefe von minimal 15 Zentimetern.

Comm-Tec, Uhingen
Tel: 07161 30000
www.comm-tec.de

Filmbilder:
„72 Stunden –
The Next Three Days“
Blu-ray von Studiocanal

Text: Roman Maier / Fotos: Lars Brinkmann

7.1-Brachialsound, eine knapp drei Meter breite Leinwand sowie ein moderner Full-HD-Beamer versprechen echtes Heimkinofeeling. Doch wie kriegt man das alles ins Wohnzimmer, ohne dieses in einen Technikraum zu verwandeln? Ganz einfach: Man setzt auf kompromisslose Integration.

„Wie die meisten von Euch vorgestellten Heimkinobesitzer war auch ich schon als Kind von großen Bildern und gewaltigem Sound fasziniert. Schon damals hatte ich den Wunsch nach einem eigenen Kino und versuchte, mir diesen nach und nach zu erfüllen", erzählt uns Heiko V., als wir staunend in seinem geschmackvoll eingerichteten Wohnzimmer stehen. „Als ich mir im Jahre 1998 einen 50-Zoll-Rückpro-TV nebst passender Zuspielelektronik zulegte und alles in meiner damaligen Wohnung installierte, war der erste Schritt getan. Nach einiger Zeit war mir das Bild aber doch zu klein und außerdem qualitativ nicht gut genug, so dass ich mir einen LG110-Beamer zulegte, welcher flach an der Wand montiert werden konnte und seine riesigen Bilder auf eine mit Screen-Go-Farbe bestrichene Alu-Verbundplatte warf, womit ich sehr zufrieden war", ergänzt der Stargate-Fan. Aber es sollte noch besser werden, denn im Jahre 2007 bezog der Baden-Württemberger sein Elternhaus, welches zunächst kernsaniert werden musste.

Das neue Heimkino

„Schon während der Planungsphase war natürlich klar, dass hier auch wieder ein Heimkino unterkommen sollte. Da ich keinen separaten Raum dafür opfern wollte, musste es möglichst unsichtbar ins Wohnzimmer integriert werden, was mich vor eine Reihe von Herausforderungen stellte", erklärt der sympathische Bauherr. „Außerdem wollte ich weder in Sachen Wohnkomfort noch in Sachen Bild- und Tonqualität Kompromisse eingehen; schließlich sollte der Raum uneingeschränkt als Wohnzimmer zur Verfügung stehen, aber dennoch sämtliche Vorteile eines eigenen Filmpalastes bereithalten", so der stolze Heimkinobesitzer.

Millimeterarbeit: Im Off-Betrieb verschwindet die Leinwand bündig in der Zimmerdecke

Deckeneinbau

Nach der Lektüre einiger HEIMKINO-Ausgaben konnte die Planung schnell abgeschlossen werden, und Heiko V. entschied sich für den Einsatz einer elektrisch betriebenen Rolloleinwand, eines Beamerliftes und vier rückwärtig eingesetzter Einbaulautsprecher, wobei besonders wichtig war, dass alle Komponenten passgenau ins Plafond eingelassen werden konnten. Da für den Wohnraum eh eine neue Decke geplant war, sollte der nächste Schritt also kein größeres Problem darstellen. Innerhalb weniger Tage war das Ständerwerk montiert und verkleidet, sämtliche Lautsprecher-, Signal- und Stromleitungen verlegt sowie Lautsprecher, Beamerlift und Leinwand eingesetzt, so dass sich der Bauherr seinem nächsten Projekt, der integrativen Schrankwand widmen konnte.

Schrankwand

Individuell und integrativ sollte die zukünftige Schrankwand sein, dazu schick und luftig. Schließlich sollte sie den offenen, einladenden Charakter des gemütlichen Wohnraumes nochmals unterstreichen. Außerdem sollte die gesamte Zuspiel- und Verstärkerelektronik unauffällig integriert und um das vorhandene Revox-Frontlautsprechersystem ergänzt werden. Nach ausgiebiger Suche fand der Baden-Württemberger ein offenes, flexibel gestaltbares Wohnzimmermöbel, welches sich als Ideallösung für seine Zwecke herausstellte. Dieses gewährt nicht nur dem großen 47-Zoll-Flachfernseher ausreichend Platz, sondern ist zudem mit großen Schubladen versehen, die sich als idealer Aufbewahrungsort für AV-Receiver, DVD-Player und Blu-ray-Spieler erwiesen.

Die gesamte Zuspiel- und Verstärkerelektronik kommt hinter den umgebauten Schubladen zum Vorschein. Werden diese geschlossen, sind keinerlei Geräte mehr sichtbar

Der Bild- und Soundcheck

Nachdem uns Heiko V. ausführlich über die Hintergründe zum Bau und die Funktionsweise seines Kinotraums aufgeklärt hat, wollen wir das Ganze nun endlich in Aktion erleben. Wir nehmen Platz, und mit einem Knopfdruck verwandelt sich die eben noch helle, freundliche Stube in ein stilechtes Heimkino, von dem viele Filmfans träumen. Nahezu geräuschlos fährt der Beamerlift herunter, während das schicke Schrankelement fast vollständig hinter der 2,90 Meter breiten Leinwand verschwindet. Nur wenige Augenblicke später rotiert „Iron Man" im Blu-ray-Player und sorgt für echtes Kinofeeling. Während der kompakte Epson-Full-HD-Beamer für extrascharfe Filmbilder sorgt, kümmert sich das Revox/Canton-7.1-System um brachialen Kinosound, der uns von Beginn an ins Geschehen zieht und uns gar nicht genug kriegen lässt.

Fazit

Wir durften ja schon viele private Lichtspielhäuser besuchen. Doch ein Heimkino, das mit einer solchen Konsequenz vom Wohnraum getrennt bleibt, obwohl es sich in eben diesem befindet, sieht man eher selten. Doch damit nicht genug, denn neben der perfekten Integration und der exzellenten handwerklichen Ausführung besticht dieser Filmpalast vor allem durch seine gute Ton- und hervorragende Bildqualität.

Interview mit Heiko V.:

Heiko, mit der nahezu unsichtbaren Installation Deines Heimkinos bist Du keinerlei Kompromiss eingegangen und Du hast Dich selbst übertroffen. Was waren für Dich die wichtigsten Punkte, die unbedingt umgesetzt werden mussten?

Für mich war die Verwandlung von einem Wohnzimmer in ein Heimkino auf einen Knopfdruck die wichtigste Voraussetzung. Das Einzige, was zu sehen sein sollte, waren die vorderen Lautsprecher, die bei einem ansprechenden Design durchaus in ein Wohnzimmerbild gehören. Ebenfalls wichtig ist die Servicefreundlichkeit, falls einmal ein Bauteil getauscht werden muss. Alle Komponenten und elektrischen Anschlüsse sind zugänglich, z.B. durch die Öffnungen der In-Wall-Lautsprecher.

So richtig fertig ist man ja eigentlich nie. Welches sind die nächsten Änderungen bzw. Erweiterungen in Deinem Kino?

Hier gibt es wirklich noch genügend Ideen, die auch mit der Zeit noch umgesetzt werden. Im Musikbereich gibt es in meinem Heimkino noch Verbesserungspotenzial, weshalb demnächst eine Investition in die Lautsprecher ansteht. Es wird auch noch ein reiner Blu-ray-Player angeschafft. Ein weiterer technischer Leckerbissen ist der Epson TW 5000, der es mir sehr angetan hat. Bewegt er sich in einer für mich akzeptablen preislichen Region, denke ich ernsthaft über eine Neuanschaffung nach, wobei ich mit meinem Epson TW 1000 sehr zufrieden bin.

Mit der Playstation 3 setzt Du voll auf Blu-ray. Wie definierst Du den Unterschied zur DVD und wie viele Filme kaufst Du in einem Monat?

Bei der Blu-ray ist im Vergleich zur DVD bei geeigneter Ausrüstung in Sachen Bild und Ton schon ein deutlicher Unterschied zu sehen und zu hören. Anfangs dachte ich wirklich nicht, dass der Unterschied so enorm ist. Gerade auf einer Leinwand, wenn die Bilder sehr groß sind, kommen Farben und Bildschärfe fantastisch rüber. Pro Monat kaufe ich ca. ein bis zwei BDs. Die Kosten für einen Film sind ja inzwischen auch absolut in Ordnung, da Filme immer wieder günstig angeboten werden.

Ideen muss man haben: die perfekte Detaillösung

Detaillösung

Deckenlautsprecher

Das Ziel war klar definiert: Ein klangstarkes 7.1-System zu integrieren, ohne den Wohnraum in ein Boxenlager zu verwandeln. Durch den Einzug der neuen Decke ergaben sich ideale Voraussetzungen für die Integration von Einbaulautsprechern.

Nach der ausführlichen Planung entstand zunächst die Grundverlattung, die als Träger der gesamten Deckenkonstruktion dient. Sie besteht aus einer massiven Holzverstrebung, die wiederum fest in der darüber befindlichen Betondecke verankert ist. Da der Bauherr die Positionierung der vier Lautsprecher schon vorab geplant hatte, konnte das Gerüst so konstruiert werden, dass der Einbau später keinerlei Mehraufwand bedeutete und schnell von der Hand ging. Nachdem sämtliche Strom- und Signalleitungen verlegt waren, ging es an die Verkleidung der gesamten Deckenfläche mittels Rigipsplatten, wobei Heiko V. auch hier vorausschauend arbeitete und auf die Ausschnitte der später zu installierenden Lautsprecher achtete. Nachdem die Decke verspachtelt, geschliffen und gestrichen war, konnten die vier Einbauboxen auch schon eingesetzt und verschraubt werden. Hier erwies sich die pfiffige Klammerbefestigung der eingesetzten Canton-Lautsprecher als Ideallösung, die dem Filmfan selbst eine Über-Kopf-Installation leicht von der Hand gehen ließ.

1 *Die massive Grundverlattung dient als Träger der gesamten Deckenkonstruktion. Hier sind auch schon die Holzträger jedes Einbaulautsprechers eingesetzt.*

2 *Mittlerweile sind sämtliche Leitungen verlegt und die Decke verschlossen. Hier entschied sich Heiko V. für den Einsatz von Rigipsplatten, die ein geringes Eigengewicht haben und sich leicht verarbeiten lassen.*

3 *Inzwischen sind auch keine Stoßkanten mehr sichtbar, denn die gesamte Fläche ist verspachtelt, geschliffen und gestrichen. Jetzt müssen die Lautsprecher nur noch eingesetzt werden.*

Ausstattung

- Projektor: Mitsubishi HC6500 (Full HD, motorischer Zoom)
- Leinwand: Akustisch transparente 16:9-Leinwand (2,25 x 1,6 m)
- AV-Receiver: Onkyo TX-SR508
- Blu-ray-Player: Sony PlayStation 3
- DVD-Player: Sony CDP-XE220
- Lautsprecher: Teufel Theater 1 7.0 (inkl. Front Height)
- Subwoofer: Velodyne CHT-12Q

Mit vielen pfiffigen Ideen zum gemütlichen, schicken Wohnzimmerkino

Grey Palace

Filmbilder:
„Deep Blue"
Blu-ray von Studiocanal

Text: Roman Maier / Fotos: Lars Brinkmann

Schon in frühester Jugend investierte Martin S. den Großteil seines Taschengeldes in regelmäßige Kinobesuche. Kein Wunder, dass er bei der erstbesten Gelegenheit mit der Installation eines eigenen Kinoreiches begann, dessen vierte Generation wir einfach besuchen mussten.

Diesmal führt uns unser Weg an die Mosel. Genauer gesagt ins 6.600-Einwohner-Städtchen Schweich, das etwa 15 Kilometer von Trier entfernt liegt. Hierhin hat es den gebürtigen Berliner Martin S. beruflich verschlagen, der uns bereits auf dem Parkplatz herzlich empfängt. Nachdem wir die Stufen zur in der zweiten und dritten Etage liegenden Maisonette-Wohnung erklommen haben, wird es erst einmal gemütlich, denn hier wartet ein köstliches Finger-Food-Büffet auf uns. Dieses Angebot nehmen wir nach der langen Fahrt gern an und erfahren bei Käse, eingelegten Tomaten, Baguette und leckerem Traubensaft die ersten wissenswerten Informationen über das Grey Palace und seine Besitzer. „Bereits im Kindesalter war ich begeisterter Kinogänger. Als die DVD auf den Markt kam, begeisterte ich mich erstmals für das Thema Kino zu Hause. So überredete ich meinen Vater dazu, sich einen entsprechenden Surround-Receiver inklusive 5.1-Lautsprecher zu kaufen, die in unserem Wohnzimmer aufgestellt wurden“, erzählt unser Gastgeber. Da sich der Vater aber nicht so recht mit der Technik anfreunden konnte, war Maddin, so Martins Spitzname, ab diesem Zeitpunkt der eigentliche Herr über dieses Mehrkanalsystem. Kein Wunder, dass der damals 16-Jährige von nun an ständig die neuesten DVD-Veröffentlichungen mit nach Hause brachte und mit Freunden regelrechte Filmsessions abhielt. Das Ganze ging sogar so weit, dass Maddin selbst sein erstes Date mit seiner heutigen Frau Franziska im Wohnzimmer mit „Bridget Jones – Schokolade zum Frühstück“ verbrachte.

Die zweite Version

Als der heutige Bundesbeamte im Alter von 21 in seine erste eigene Wohnung zog, bekam er das eben beschriebene 5.1-Set von seinem Vater geschenkt. So kam es, dass selbiges von nun an seinen Dienst im neuen Domizil des Filmfans antrat. Doch während der Berliner hier großen Sound genießen durfte, wurden sämtliche DVD-Bildinhalte über einen 50-Zentimeter-Röhrenfernseher wiedergegeben, der von seinen Freunden liebevoll „Toaster“ genannt wurde. Das war allerdings weniger schlimm, besuchten die beiden Filmfans doch zu dieser Zeit regelmäßig das Berliner Collosseum, um sich dort die neuesten Blockbuster anzusehen.

Schaubude 2½

Nach dem erneuten Umzug in eine etwas größere Wohnung nach Berlin-Treptow fand das vorhandene System nun seinen weiteren Einsatz in Maddins mittlerweile drittem privaten Lichtspielhaus. Dieses musste aufgrund des anstehenden Nachwuchses mittels eines TV-Schranks kindersicher gemacht werden. „Diesmal um einen 32-Zoll-TV erweitert – größer ging aufgrund der Schrankabmessungen nicht – fanden wir mit ‚Schaubude 2½‘ gleich den passenden Namen fürs neue Wohnzimmerkino, der sich zum

Clever gemacht: Hinter der hochklappbaren Leinwand verbergen sich die Center- und Front-Height-Speaker des hier eingesetzten Teufel Theater 1

Der große Kantenabsorber fügt sich optisch perfekt ins Wohnambiente ein und hilft, stehende Wellen auf ein Minimum zu reduzieren

Interview mit Maddin S.:

Maddin, die Integration Deines Grey Palace in den Wohnraum ist Dir wirklich sehr gut gelungen und wird vielen HOME-THEATERS-Lesern sicher wertvolle Anregungen geben. Welches war dabei für Dich der wichtigste Punkt?
Der Wohlfühlfaktor stand bei uns an erster Stelle. Daher war für uns ein ansprechendes Design mit hohem Komfort und zeitgemäßer Performance der Geräte wichtig. Zudem war ich interessiert daran, meinen Hörraum akustisch zu optimieren, ohne ihn zu entstellen.

So richtig fertig wird man als Heimkinobesitzer ja bekanntlich nie. Welches sind für Dich die nächsten Änderungen bzw. Erweiterungen?
Ich denke über eine pfiffige Mediacenter-Lösung mit Steuer-Panel nach. Außerdem wollen wir unsere Blu-ray-Sammlung ein wenig aufstocken.

Euer Kino ist schick, modern und gleichzeitig urgemütlich und lädt zu längeren Filmsessions ein. Wie viele Stunden in der Woche nutzt Ihr Euer Kino?
Während einer Arbeitswoche maximal drei Abende, sonst auch gerne häufiger.

Ratespiel: Vor der ersten Filmdemonstration ging es zunächst ans Filmquiz. „Stirb langsam 4.0" konnte ich nicht erraten, dafür aber zum Beispiel „Nacho Libre", „Herr der Ringe", „Catch me if you can" und „Leon der Profi".

einen auf die zweieinhalb Zimmer-Wohnung und zum anderen auf die neue Familiensituation bezog." Wenn auch deutlich verbessert, sollte aber diese Installation nur eine Übergangslösung sein ...

Die vierte Generation

2008 stand der erneute, diesmal berufsbedingte Umzug in die Region Trier an, wobei die ausgiebige Planung für das neue, nochmals deutlich verbesserte Heimkino bereits in Berlin begann. So kam es, dass der Filmfan zu dieser Zeit sein erstes Leinwandtuch bestellte. Da auch die Sitzlandschaft für die beiden Filmfans ein essenzieller Punkt war, schließlich sollten Heimkino und Wohnzimmer zu einer perfekten Symbiose verschmelzen, bestellte das Paar vorab auch zwei bequeme Ledersessel sowie das flexibel verstellbare Ledersofa. Kurz vor dem Einzug ging es dann an die Umgestaltung der beiden Mediaboards, die das Paar erst zwei Monate zuvor gekauft hatte und die nach einer kleinen Modifizierung nun übereinander gestapelt als Behausung der gesamten Zuspiel- und Verstärkerelektronik dienen. Anschließend ging es an die Auswahl der Tapete, die einige Vorgaben erfüllen musste, was sich aufgrund der bereits vorhandenen Möblierung als nicht ganz so einfach herausstellte. Um das Flair kleinerer, gemütlicher Programmkinos zu erzeugen, entschieden sich die Wahl-Schweicher schließlich für eine mit Glitzereffekt verzierte graue Tapete. Im nächsten Schritt ging es an den Bau des auf den ersten Blick eher unspektakulären Software-Regals, das heute ca. 350 Blu-rays und DVDs beinhaltet. Nach langer Planung entschied sich Maddin letztlich doch für den Einsatz einfacher Ikea-Billy-Regale, die flexibel einsetzbar sind und in Zukunft auch anderen Zwecken dienen können, sollte ein weiterer Umzug anstehen. Um das Ganze aber akustisch zu optimieren, bestückte der HEIMKINO-Leser den gesamten Bereich zwischen Regal und Decke mit Steinwolle, die letztlich mit einer gelochten HDF-Platte verkleidet wurde. Ein optischer Lichtblick wird diese Konstruktion letztlich durch den grauen, leicht geschwungenen Vorhang, der nur einen Teil der Software-Sammlung sichtbar macht und farblich perfekt mit der Tapete harmoniert.

Akustikoptimierung

Nachdem sich Martin S. ein wenig mit gängiger Messtechnik (u.a. Carma) und der akustischen Vermessung des Raumes beschäftigt hatte, entschied er sich für den Einsatz eines Kantenabsorbers in der linken hinteren Ecke. Damit schlug er gleich zwei Fliegen mit einer Klappe und integrierte kurzerhand den von seiner Frau gewünschten Kamin, der heute für ein gemütliches Ambiente im Grey Palace sorgt. Von der akustischen Verbesserung begeistert, machte sich der gebürtige Berliner mit viel Elan an den Bau weiterer Akustikelemente, wie beispielsweise dem Tieftonabsorber hinter dem Ledersofa, welcher erst kurze Zeit vor unserem Besuch fertiggestellt wurde. Zuvor ging es noch an die Dekoration der linken Wand, an der das Rack inklusive Zuspielelektronik bis zu diesem Tage ein eher tristes Dasein fristete. Nach langer Überlegung entschied sich das Paar dafür, 17 unterschiedlich große Schwarz-Weiß-Szenenbilder seiner Lieblingsfilme zu montieren, die jedem Besuch vor der Kinovorführung als kleines Filmrätsel dienen. So natürlich auch mir. Übrigens gehörte ich nach Aussage der Kinobesitzer mit zwölf Treffern zu den bislang erfolgreichsten Quizgästen. Doch damit nicht genug, denn auch das zuvor erwähnte Rack wurde einem weiteren Upgrade unterzogen und mittels zwei im Baumarkt erhältlicher Metallbolzen und einer auf Maß geschnittenen Glasplatte in eine kleine Bar verwandelt, die zu anregenden Diskussionen vor und nach dem Filmgenuss einlädt.

Alles selbst gebaut: Neben dem wirkungsvollen Tieftonabsorber entstanden auch die Granit-Ständer für die Surround-Lautsprecher in kompletter Eigenarbeit

In Action

Sich in diesem Kino aufzuhalten macht wirklich Spaß. Kein Wunder, dass die Zeit wie im Fluge vergeht und wir bereits zwei Stunden vor Ort sind. Also höchste Eisenbahn für die erste Vorführung: Diese startet der Gastgeber mit „Eclipse – Biss zum Abendrot" und „Harry Potter und die Heiligtümer des Todes" – eher außergewöhnliche Filmschnipsel, die uns aber schnell Auskunft über die außergewöhnlich gute Detail- und Stimmenreproduktion des Grey Palace geben, die auch im tiefsten Soundgetümmel stets präsent bleiben. Dass es in diesem Heimkino auch härter zur Sache gehen kann, erfahren wir anschließend mit „Watchmen" und „The Dark Knight". Hier imponiert uns besonders die uns bestens bekannte Tunnelszene des Batman-Streifens, in der das Setup durch ein fülliges und jederzeit sauberes Bassfundament und eine durchweg gelungene Raumdarstellung imponiert. Mit „Animusic 2" beweist Maddin S. noch einmal die exzellenten Surroundeigenschaften seines Grey Palace, welche auch die mehrkanalige Musikreproduktion zu einem Hochgenuss macht und uns noch ein wenig länger in diesem gemütlichen Heimkino verweilen lässt.

Fazit

Der Besuch in Schweich hat sich für uns in jeglicher Hinsicht gelohnt. Neben der Tatsache, dass wir ein gemütliches, toll klingendes, mit jeder Menge toller Ideen bestücktes Heimkino erleben durften, erfreuten wir uns auch der enormen Gastfreundschaft einer sehr sympathischen Familie, die das Thema Film durch und durch lebt. Vielen Dank noch einmal für die Einladung, den netten Nachmittag und die leckeren Snacks!

Detaillösung

Ideen muss man haben: die perfekte Detaillösung

Klapp-Leinwand

Alle von uns vorgestellten privaten Lichtspielhäuser verfügen über mindestens eine spannende Besonderheit. So auch das Grey Palace, in welchem die hochklappbare Leinwand unsere Aufmerksamkeit erregte.

Da das Heimkino von Maddin und Franziska im Wohnzimmer unterkommt, sollte von der Technik möglichst wenig zu sehen sein. Aus diesem Grunde entschied sich der Bauherr für den individuellen Selbstbau einer akustisch transparenten und zugleich klappbaren Leinwand, die nicht nur den Center- und Front-Height-Lautsprecher verschwinden lässt, sondern auch einige Akustikelemente beherbergt, die enorme klangliche Vorteile bringen.

1 Wie so oft, fängt der Selbstbau auch hier mit der Montage eines massiven Holzrahmens an. Für höhere Stabilität wurden dier Ecken mit zusätzlichen Stützen verstärkt.

2 Um störende Lichtreflexionen zu vermeiden, wird der Rahmen zunächst mit schwarzem Bühnenmolton bezogen. Der kleine Ausschnitt dient der besseren Dialogdarstellung des Centers.

3 In der Zwischenzeit ist auch schon ein Großteil der Wandnische mit Dämmmaterial bestückt und mit Rigipsplatten verkleidet. Hier findet die Leinwand zukünftig ihren Platz.

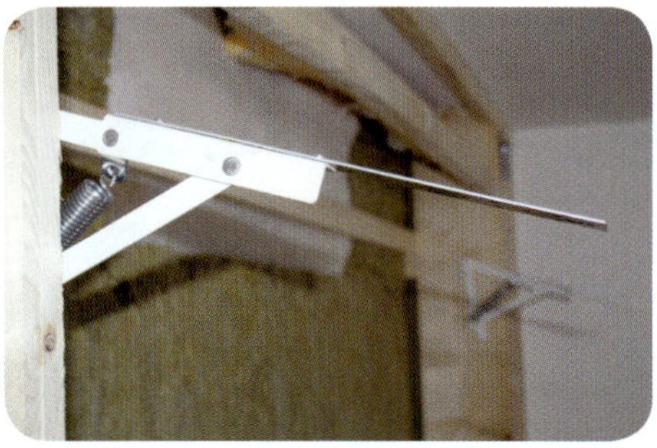

4 Gehalten wird die Projektionsfläche später durch zwei einfache, aus einem alten Bett entliehene Federspanner, die inzwischen montiert sind und die Leinwand später hochklappen lassen.

5 Inzwischen ist der Rahmen mit weißem Projektionstuch bezogen und hat seinen Platz in der Wand gefunden. Jetzt kann die Feinjustage losgehen, ...

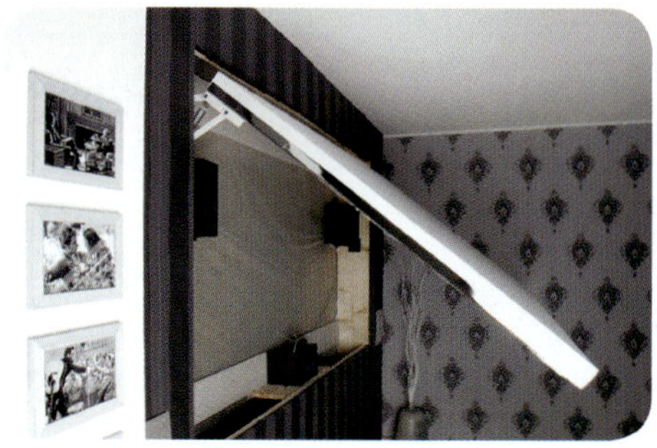

6 ... denn dank dieses Aufbaus lässt sich das abgekofferte Volumen auch als Absorber nutzen, der auf Wunsch immer wieder verändert und optimiert werden kann.

JETZT: HEIMKINO lesen +

Wandhalterung für LCD & Plasma bis 63“ (159 cm)

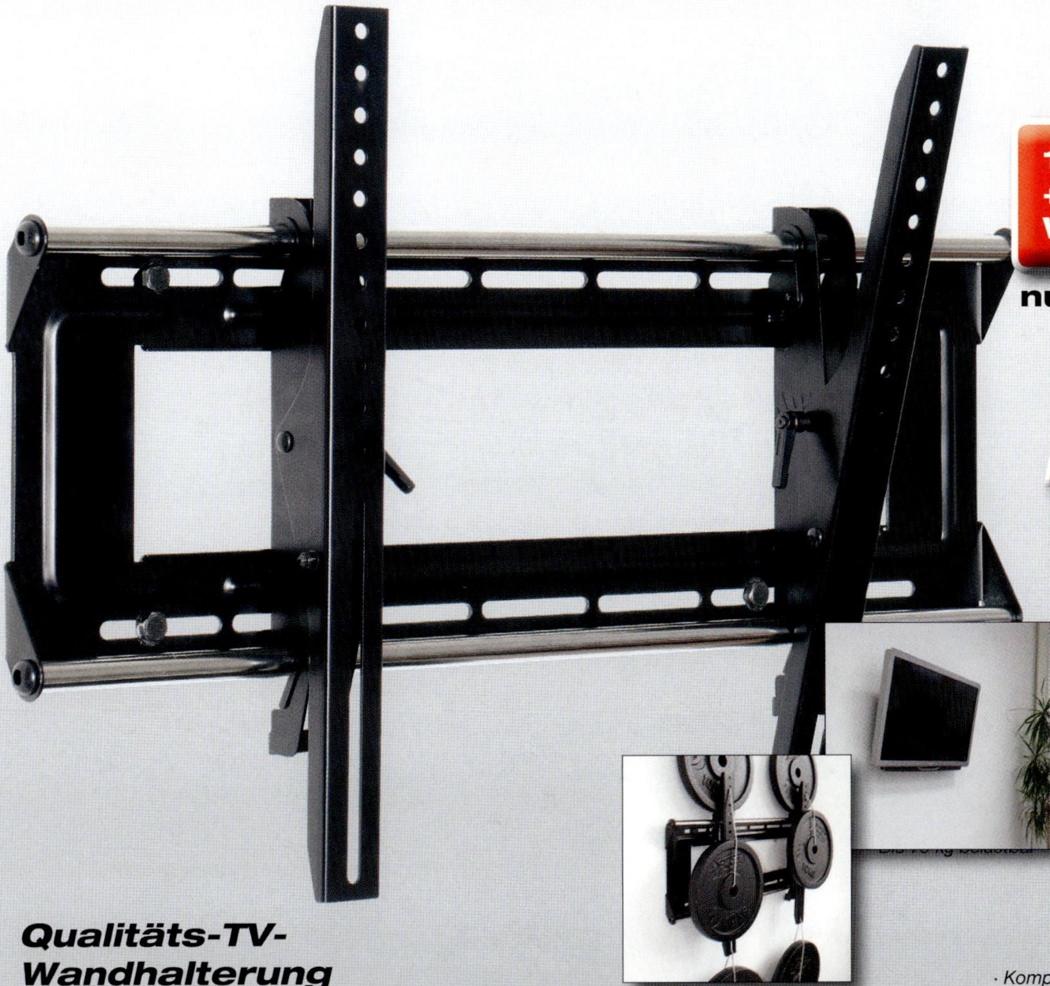

1 Jahr HEIMKINO + Qualitäts-TV-Wandhalterung

nur **24,90** Zuzahlung

· *Neigungswinkel von -3 bis +15 Grad*

· *Komplettes Montageset inklusive*

Qualitäts-TV-Wandhalterung

Einfache Montage

- Für Bildschirmgrößen von 42 Zoll (107 cm) bis zu 63 Zoll (159 cm) und ein Gewicht bis 79 kg
- Passend für alle TV-Modelle. Schrauben-Sortiment für alle TV-Modelle
- RoHS-konform und schadstoffarm
- 5 Jahre Garantie
- Verchromte Laufschienen erleichtern das Ausrichten
- Die Sicherheitsverriegelung verhindert das versehentliche Aushaken (absperrbar)
- Kunststoffgelagerte Tragearme
- Neigungswinkel-Schnellspanner zum nachträglichen Ändern des Neigungswinkels ohne Werkzeug (optimaler TV-Genuss nur bei optimalem Neigungswinkel)
- Pulverbeschichtete Oberflächen
- Amtliches Montageset für Massivmauerwerk und Beton
- Neigungswinkel stufenlos einstellbar (-3 Grad bis +15 Grad)
- 2 Wochen Money-Back-Garantie, falls die Halterung nicht passen sollte
- Easy-Self-Installation durch selbstklebende Montageschablone

Hier sichern: Nur, solange der Vorrat reicht!

▼ Ausfüllen. Abschicken. Vorteils-Paket sichern ▼

Coupon ausschneiden, ausfüllen und senden an:
HEIMKINO Abo-Service
AS Vertriebs GmbH
Süderstraße 77 · D-20097 Hamburg

Oder anrufen:
040-46860-5206
Fax: 040 34729517 · abo@brieden.de

+ 2 Hefte GRATIS dazu!
Als Dankeschön für die Nutzung des umweltfreundlichen Bankeinzugs.

☒ Ja, ich möchte HEIMKINO lesen!

☐ EHOME **Ja, ich bestelle HEIMKINO** zum Preis von nur 3,30 Euro pro Heft (12 Hefte pro Jahr) ab der nächsterreichbaren Ausgabe + Qualitäts-TV-Wandhalterung für nur 24,90 Euro Zuzahlung.

☐ EHOME **Ja, ich bestelle HEIMKINO** zum Preis von nur 3,30 Euro pro Heft (12 Hefte pro Jahr) ab der nächsterreichbaren Ausgabe.

Name, Vorname

Straße, Nr.

PLZ, Ort

Telefon

E-Mail

☐ *Ich bin einverstanden, dass Michael E. Brieden Verlag GmbH mir weitere Medienangebote per E-Mail/Telefon/SMS unterbreitet. Freiwillige Angebote. Ich kann der Nutzung meiner Daten zu Werbezwecken jederzeit widersprechen.*

Bei Bankeinzug lese ich 2 Hefte gratis! Nach Ablauf des ersten Jahres kann ich jederzeit kündigen und erhalte zu viel gezahltes Geld zurück. Das Angebot gilt nur in Deutschland und solange der Vorrat reicht.

Gewünschte Zahlungsweise bitte ankreuzen:

☐ **Ich bezahle umweltfreundlich per Bankeinzug und lese 2 Hefte gratis!**

Konto-Nr.

BLZ

Geldinstitut

☐ **Ich zahle gegen Rechnung und lese keine Hefte gratis!** *(Rechnung erst abwarten)*

Datum, Unterschrift

HOME THEATERS

Text: Roman Maier

Unsichtbare Rundum-Beschallung im Dachgeschoss

Loft Cinema

Was für unbedarfte Selbstbauer eher kompliziert klingt, ist für die Heimkino-Spezialisten vom HiFi Forum fast schon Routine. So war es für die findigen Franken auch kein Problem, ein optisch im Hintergrund gehaltenes Heimkino in das geräumige Loft ihres Kunden zu integrieren.

Ausstattung

Projektor:	JVC S-ILA-HD
Leinwand:	16:9-Rolloleinwand
AV-Vorverstärker:	Rotel RB-1572
Endstufe:	Rotel RMB-1565 (5-Kanal)
Frontlautsprecher:	Piega Premium-Serie
Deckenlautsprecher:	New Tec Conno alto S (4x)
Subwoofer:	2 x Piega PSs

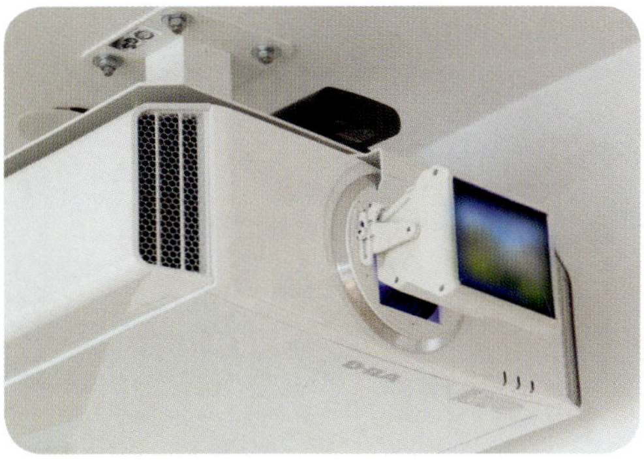

Die großzügig gestaltete Dachetage sollte bleiben, was sie ist: Ein offenes Designerloft, das weitläufig und luftig bleibt, obwohl es Bar, Billardtisch und Speisetafel beherbergt. Das i-Tüpfelchen ist hier die kaum sichtbare Heimkino-Installation, die sowohl Leinwand und Beamer als auch ein klangstarkes 7.2-Lautsprecher-Setup umfasst.

Riesenbild in Full HD

... für ein solches Erlebnis haben sich die Spezialisten des HiFi Forums eine Doppellösung ausgedacht. So fällt hier zunächst lediglich der 50-Zöller aus dem Hause Sharp auf, der auf einer schwarzen Basisplatte montiert, an sich schon eine Diagonale bietet, von der die meisten Wohnzimmerkino-Besitzer nur träumen können. Doch echtes Filmtheater-Feeling entsteht in den Augen echter Kinofans erst mit einer Bildgröße jenseits der 100 Zoll, weshalb man sich für den Einsatz einer entsprechenden Leinwand entschied. Da die Projektionsfläche tagsüber nicht zu sehen sein sollte, so der Auftrag, kam für die Bild- und Tonspezialisten aus Baiersdorf nur der Einsatz einer Deckeneinbau-Leinwand höchster Güte in Frage. Um Wellenbildungen und somit Qualitätseinbußen zu vermeiden, griff man auf eine Motor-Leinwand mit Tab-Tension-System zurück, das eine dauerhaft flach gespannte Projektionsoberfläche garantiert. Zugleich entschied man sich für den Einsatz eines Full-HD-Projektors aus dem Hause JVC, der, kalibriert und mit Vorsatzlinse bestückt, gestochen scharfe Filmbilder liefert.

Kinosound 7.2

Was zunächst unglaublich klingt, ist Realität. Auf den ersten Blick fallen lediglich die beiden Piega-Lautsprecher der Premium-Serie auf, die neben dem Flach-TV platziert wurden und den Eindruck einer „einfachen“ Stereo-kombination erwecken. Dennoch erlebt der Besucher des Loft Cinemas hier knallharten Surroundsound – und zwar in 7.2! Verantwortlich dafür zeichnen die eben erwähnten Schallwandler nebst Center – natürlich ebenfalls Produkt der Schweizer Boxen-Manufaktur –, die eine breit und tief gestaffelte Frontbühne erzeugen. Unterstützt werden sie von den vier silbergrauen, in die Decke eingelassenen Newtec-Inceilings, die sich erst bei genauerem Hinsehen als Lautsprecher entpuppen und für eine faszinierende Effektkulisse und ein umschließendes, homogenes Surroundfeld sorgen.

Fazit

Der Auftrag war klar umrissen. So musste diese Installation auf den Punkt den individuellen Bedürfnissen angepasst werden, wobei in Sachen Komfort, Bild- und Tonqualität keine Kompromisse eingegangen werden durften. Das Ergebnis kann sich sehen lassen und übertrifft die Erwartungen des Auftraggebers, der sich über ein Heimkino freuen darf, das tagsüber unsichtbar ist und auf Knopfdruck riesige Filmbilder und satten Surroundsound liefert.

Ausstattender Fachhändler

HiFi Forum
Breslauer Straße 29 · 91083 Baiersdorf
www.hififorum.de

Heimkino, CineBar und Foyer der Extraklasse

Deluxe Cinema

Ausstattung

Projektor:	Planar 8150
Leinwand:	Davision 21:9-Rahmenleinwand (3,50 x 2,00 m)
AV-Receiver:	Onkyo PR-SC507
Endstufen:	RMB 1095 + RB 1080
Blu-ray-Player:	Pioneer BD-LX08
HD-DVD-Player:	Toshiba HD-XE1
Lautsprecher:	Teufel Theater 10 (7.0)
Subwoofer:	2 x Teufel Uncle Doc
Mediaserver:	Acer H340

Filmbilder:
„Passion Play“
Blu-ray von Studiocanal

Text: Roman Maier / Fotos: Lars Brinkmann

Imposante Privatkinos mit angeschlossener Bar durfte ich schon viele besuchen. Doch die Art und Weise, wie sich Miriam und Daniel R. ihren Traum vom eigenen Lichtspielhaus nebst CineBar erfüllten, ist mehr als beeindruckend. Kein Wunder, dass ich den Filmpalast mit der zudem wohl ungewöhnlichsten Namensgebung unbedingt sehen und erleben wollte. Aber lesen Sie selbst ...

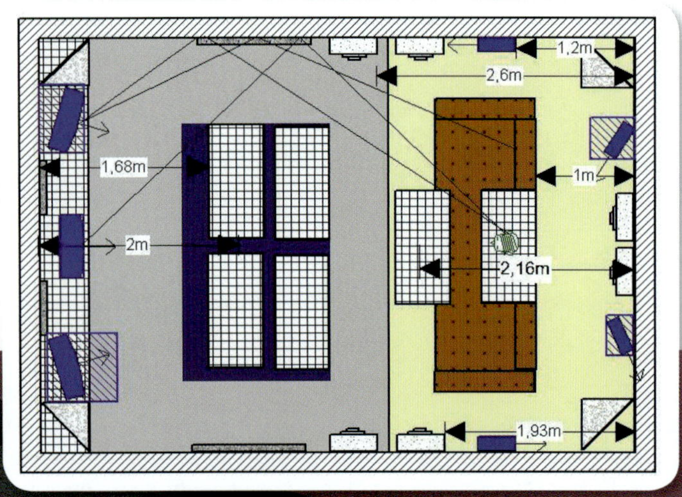

Bei den meisten Heimkinobesitzern, die ich bislang besuchen durfte, liegt der Ursprung des heutigen Hobbys lange Zeit zurück. So auch bei dem sympathischen Paar, in dessen „Pussy Deluxe Cinema“ wir nach unserer langen Reise aus Duisburg diesmal zu Gast sind. Nach fast 450 strapaziösen Kilometern endlich angekommen, mit Pantoffeln, erfrischenden Getränken und speziell für unseren Besuch gebackenen Sternenkeksen mit PDC-Logo versorgt, erfahre ich Wissenswertes darüber, wie Miriam und Daniel zu Kinobesitzern wurden. Lange vor der Blu-ray oder der DVD gehörte der Kfz-Meister bereits zur Garde der

Detaillösung 2: Die seitlich montierten RTFS-Akustikelemente werden von einer Holzkunstruktion getragen, welche einen geringen Abstand zur Wand schafft. So konnten herkömmliche Lichtschläuche, die hier als Hintergrundbeleuchtung dienen, schnell und einfach untergebracht werden.

Detaillösung 1: *Da die Technik aus dem eigentlichen Kino verbannt werden sollte, entschied sich Daniel, diese an prominenter Stelle in der Bar zu platzieren. Der oberhalb befindliche 42-Zoll-Monitor hilft, auf der Festplatte gespeicherte Trailer zu finden, ohne die Vorführung zu unterbrechen, und dient zudem als Vorschaumonitor.*

Filmsammler und baute sich schon in jungen Jahren eine stattliche, aus TV-Aufnahmen bestehende Spielfilmkollektion auf. Ende 1999 kam der Franke durch einen Freund zum ersten Mal in den Genuss einer DVD-Vorführung mit echtem 5.1-Sound. Von der (für damalige Verhältnisse) tollen Performance überzeugt, musste umgehend die erste Mehrkanalanlage her, die am bereits vorhandenen Rückpro-TV zum Einsatz kam. Nachdem das im Wohnzimmer installierte Heimkinosystem im Laufe der Zeit durch immer neue Elektronik und letztlich durch einen Barco-Röhrenprojektor erweitert wurde und der Filmfan bei einem USA-Besuch ein Profi-Heimkino besuchen durfte, war schnell klar, dass aus dem Wohnzimmerkino ein separater Kinoraum werden sollte.

Baubeginn des „echten" Heimkinos

Als 2005 endlich der Bau des eigenen Hauses anstand, war die Planung des künftigen Kinos einer der wichtigsten Punkte. Nachdem sich der vollständige Selbstbau des Hauses über drei Jahre hinzog und die Installation des Filmpalastes auf Druck von Frau Miriam erst nach Beendigung des Einzugs angegangen werden durfte, begann der Kinobau im Sommer 2008. Nachdem der zunächst als Hauswirtschaftsraum geplante Kellerbereich in eine Bar verwandelt wurde, machte sich das filmbegeisterte Paar endlich an den Umbau des nebenan befindlichen, 25 Quadratmeter messenden und als Kinosaal geplanten Zimmers. Da sämtliche Strom- und Lautsprecherkabel bereits beim Hausbau unter Putz verlegt worden waren, ging die Entwicklung des Pussy Deluxe Cinemas relativ schnell voran. Von Beginn an achteten Miriam und Daniel auf eine aufgeräumte Optik, ohne in Sachen Bild- und Tonqualität einen Kompromiss einzugehen. So entschieden sich die beiden gegen Kinosessel und für eine bequeme Sofalandschaft, „damit die neue 24-Staffel auch an einem Stück bequem und ohne Unterbre chung, gesehen werden kann", wie Miriam erklärt, denn neben den aktuellsten Blockbustern laufen in diesem Filmpalast auch die neuesten

Detaillösung 2: *Die Leinwandmaskierung funktioniert einfach wie effektiv. Schiebt man die untere Blende nach oben, fährt der obere Teil automatisch herunter. So kann die Maskierung innerhalb weniger Sekunden perfekt auf das vorliegende Bildformat abgestimmt werden.*

Serien-Highlights. Nachdem der Raum zunächst schwarz gestrichen wurde, war schnell klar, dass eine Kontrastfarbe benötigt würde, die für ein wenig mehr Gemütlichkeit sorgt. Nach einiger Recherche und unzähligen Baumarktbesuchen entschied sich das Paar für auberginenfarbene Flächen an den Wänden und der Decke. Des Weiteren wurde eine violette Hintergrundbeleuchtung (u.a. Stufenbeleuchtung) eingesetzt, die für ein wenig mehr Gemütlichkeit sorgt. Kaum waren diese Schritte abgeschlossen, konnte auch schon der Bau des Podestes beginnen. Um Eigenresonanzen erst gar nicht aufkommen zu lassen, besteht dieses aus einem Kalksandstein-Grundgerüst, welches mit Steinwolle ausgefüllt und letztlich mittels schwerer Balken und Verlegeplatten verschlossen wurde. „Nun ging es an die Verlegearbeiten der Laminatplatten, für welche ich mich aus akustischen Gründen entschied", begründet Daniel R. den für einen Kinoraum eher ungewöhnlichen Bodenbelag. Und tatsächlich scheint dies in diesem Raum und in Verbindung mit den vielen RTFS-Akustikelementen die richtige Entscheidung gewesen zu sein. Denn schon während des Interviews, also noch bevor wir den ersten Filmausschnitt zu sehen bekommen, erleben wir eine angenehme Akustik mit leichter Bedämpfung und geringem Nachhall – eben so, wie man es aus großen THX-Kinos kennt.

Akustisch transparente Leinwand

Ein weiteres Muss für das filmverliebte Pärchen war eine akustisch transparente Leinwand. Diese hat gleich zwei Vorteile: Zum einen können sämtliche Frontboxen perfekt auf das Auditorium ausgerichtet werden, zum anderen bleibt die aufgeräumte Optik durch die versteckten Lautsprecher erhalten. Bevor diese ihren Platz an der Stirnwand fand, mussten zunächst sämtliche Frontlautsprecher und der monströse Teufel-Subwoofer angeschlossen und platziert sowie die Vorbereitung für die Leinwand-Maskierung installiert werden. Letztere besteht aus einer einfachen Balkenkonstruktion und senkrecht montierten U-Profilen. Selbige führen das obere und untere Maskierungsbrett und sind mittels einfacher Stahlseile über Umlenkrollen miteinander verbunden. Wird also beispielsweise die obere Blende nach unten bewegt, fährt die untere Maskierung gleichzeitig nach oben.
Nachdem sämtliche Akustikelemente und das Sofa ihren endgültigen Platz im Kino gefunden hatten, ging es an den ersten Soundcheck, welcher ein katastrophales Ergebnis brachte. So stellte Daniel R. ein Bass-

Detaillösung 3: *Bereits im Flurbereich vor der Bar sind die ersten Kino-Devotionalien zu finden. Neben einer hinter Plexiglas befindlichen Rambo-Messersammlung finden sich u.a. zwei Star-Wars-Laserschwerter. Besonders pfiffig ist allerdings die silbergraue Eckverkleidung, denn hinter dem dekorativen I,Robot-Kopf befindet sich der Verteilerkasten des separat mit Strom versorgten Heimkinos.*

loch am Hörplatz und extreme Eigenresonanzen der LW-Maskierung fest. Kurzerhand wurde der Sub in den Frontbereich versetzt, an dem dieser zwar klanglich perfekt aufgehoben schien, optisch aber nicht bleiben durfte. Nach weiteren Tests stellte sich heraus, dass der Teufel-Bassmeister im hinteren Bereich unterkommen würde.
Nach einigem weiteren Feintuning sowie unzähligen Bild- und Tontests konnte das Pussy Deluxe Cinema im Februar 2009, also nach lediglich sieben Monaten Bauzeit, mit „Rambo 4“ eröffnet werden. Doch trotz vieler positiver Meinungen entschied sich der Bauherr für die Anschaffung eines zweiten, identischen Bassmeisters, welcher nun für eine bessere Modenverteilung, ein nicht ortbares Bassvergnügen und noch mehr Filmspaß sorgt.

Bild- und Tontest

Und genau davon kann ich mir während der nun folgenden etwa einstündigen Vorführung ein Bild machen, welche mit der Blu-ray-Version des Musicalfilms „Nine“ beginnt und sich mit „Die Insel“, „Book of Eli“, „Knowing“ und „Ratatouille“ fortsetzt, um nur einige der mir vorgeführten Titel zu nennen. Von der ersten Sekunde an bin ich mitten im Geschehen und darf mich einer mitreißenden Bild- und Tondemonstration erfreuen, die mich jederzeit in ihren Bann zieht. Trotz der vielen turbulenten Passagen, der extremen Bassperformance und der enormen Pegelreserven besticht dieses Heimkino aber vor allem durch seine exzellente Detail- und Dialogverständlichkeit, die der riesiger Multiplex-Kinos kaum nachsteht. Auch die Bildqualität kann sich sehen lassen, wobei ich hier speziell von der beeindruckenden Lichtleistung des im Nebenraum platzierten und durch einen Mauerdurchbruch projizierenden Planar-Beamers überrascht bin.

Detaillösung 4: *Die drei Frontboxen wurden exakt auf Ohrhöhe hinter der akustisch transparenten Leinwand platziert. So wird eine perfekte Klangkulisse im Frontbereich garantiert.*

Fazit

Was Miriam und Daniel R. mit ihrem Pussy Deluxe Cinema auf die Beine gestellt haben, kann nur als absolut beeindruckend bezeichnet werden. Und das in jeglicher Hinsicht, denn neben der tollen Bild- und Tonperformance imponiert dieses Heimkino durch seine exzellente handwerkliche Ausführung, viele kleine Details, eine riesige Film- und Devotionaliensammlung sowie gemütliches Ambiente. Für mich gehört dieser Filmpalast ganz klar in die Top-Ten-Liste der bisher von mir besuchten Privatkinos.

Interview mit Miriam und Daniel R.:

Miriam und Daniel, Euer Pussy Deluxe Cinema nebst riesiger Kellerbar lässt echtes Kinofeeling aufkommen und gehört dank der perfekten handwerklichen Ausführung sicher zu den beeindruckendsten Privatkinos Deutschlands. Welche Punkte waren Euch bei der Realisierung Eures Kinotraums am wichtigsten?

Am wichtigsten war die bestmögliche Performance in Bild und Ton, im Rahmen unseres Budgets, hinzubekommen und unser Kino ansprechend zu gestalten. Das Kino sollte möglichst wenig Resonanzen und Fehlgeräusche zulassen. Deshalb haben wir alle Einbauten, wie z. B. das Podest, möglichst massiv und gut abgedämmt gebaut. Aus diesem Grund gibt es auch keinerlei Bilder, Figuren oder Ähnliches im Kino. Wichtig war auch, die Technik so versteckt wie möglich einzubauen und die Elektronik aus dem eigentlichen Kino zu verbannen – halt wie in einem richtigen Kino. Am Ende sollte unser Kino natürlich auch gemütlich und einladend sein, weshalb wir auf Kinosessel verzichteten und einer Couch den Vorzug gaben.

Mittlerweile verfügt Ihr über eine stattliche Kollektion an Aufstellern, Filmutensilien, Blu-rays, DVDs und HD DVDs. Auf wie viele Scheiben bringt es Eure Sammlung und auf welche „Schätze“ seid Ihr besonders stolz?

Inzwischen besitzen wir rund 700 HD-Medien und ca. 900 DVDs. Besonders stolz sind wir hierbei auf unsere Scarface-US-Box, die japanischen Kill-Bill-Boxen und unsere Messer- und Filmschwerter-Sammlung.

Und zum Schluss: Könnt Ihr kurz erklären, wie der Name „Pussy Deluxe Cinema“ entstanden ist?

Unser Kinoname entstand eigentlich daraus, dass mich ein Freund bei der Suche nach Neuanschaffungen immer fragte, ob ich die „normale“ Ausführung haben wollte oder eben die gehobene „Pussy-Deluxe-Ausführung“. Da wir finden, dass unser Kino – auch durch den Kauf dieser „Pussy-Deluxe-Varianten“ – etwas Besonderes geworden ist, stand der Name relativ schnell fest.

Text: Timo Wolters

Worauf Sie beim Kauf eines Projektors achten sollten!

Die 10 Gebote des Beamerkaufs

HOME THEATERS möchte Ihnen zeigen, dass die Anschaffung eines Videoprojektors keine Utopie sein muss, und hilft Ihnen mit den folgenden zehn Tipps, den richtigen Projektor nebst Leinwand zu finden.

Wo ordentliche Heimkinoprojektoren vor wenigen Jahren noch ein kleines Vermögen kosteten, präsentieren Hersteller heute Einstiegsbildwerfer, die bereits um 1.000 Euro eine Bilddarstellung im Sinne der Filmindustrie ermöglichen. Auf den nächsten Seiten haben wir Informationen zusammengetragen, die Ihnen eine Entscheidungshilfe sein sollen, den für Ihren Einsatzbereich sinnvollsten Projektor zu finden.

Lichtverhältnisse

1. Gebot: Tageslichtprojektion ist auch heute noch nicht uneingeschränkt möglich. Wenn sie bei Raumbeleuchtung den Projektor laufen lassen, ohne jedoch einen gewissen Aufwand in Sachen spezieller Leinwand und lichtstarkem Projektor zu betreiben, werden vor allem Schwarzwert und Kontrast darunter sehr leiden – Sie werden Brillanz, Tiefe und Feinzeichnung im Bild vermissen. Das hat durchaus seinen Grund: In der Videowelt ist Schwarz die Abwesenheit von Licht. Der Projektor projiziert somit auch kein Schwarz, es werden die Bereiche auf der Leinwand, die dunkle oder schwarze Bildinhalte aufweisen sollen, lediglich sehr gering oder überhaupt nicht mit Licht bestrahlt. Bevor Sie sich mit dem Gedanken befassen, einen Projektor zu kaufen, sollten Sie demnach zuerst die in Ihrem Raum herrschenden Lichtverhältnisse klären. Besteht die Möglichkeit des Abdunkelns? Ist der Raum nicht ausreichend abdunkelbar, müssen Sie auf einen sehr lichtstarken Projektor zurückgreifen oder speziell für diese Verhältnisse entwickelte Leinwände in Betracht ziehen.

Leinwand

2. Gebot: Niemals ohne Leinwand projizieren. Die Leinwand ist das letzte und dennoch immens wichtige Glied in der Kette der Videoprojektion. Denn so wie Lautsprecher Audiosignale des Verstärkers in Schallwellen umsetzen und in Richtung Hörplatz entsenden, so stellt die Leinwand eine Art Distributor dar, der das vom Projektor ausgesandte Licht in Richtung Publikum reflektiert. Erst Projektor und Leinwand zusammen ergeben das Display. Leinwände sind meist mattweiß

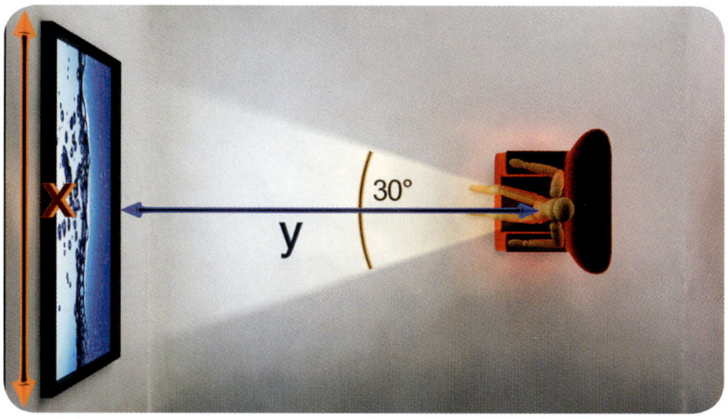

Die optimale Leinwandbreite (X) beträgt das 0,55-Fache (0,7 bei HDTV) des Abstands zum Sitzplatz (Y)

oder, für spezielle Anwendungen, dezent grau, besitzen im Idealfall eine absolut ebene, farbneutrale Oberfläche und reflektieren das vom Projektor ausgesandte Licht gleichmäßig und uniform zum Auge des Betrachters. Es gibt verschiedene Leinwandsysteme, die von Rahmenleinwänden über Motorleinwände bis hin zu manuellen Rolloleinwänden reichen. Sofern es Ihre Installation erlaubt, sollten Sie auf Rahmenleinwände setzen, denn nur diese verhindern im Gegensatz zu den meisten Rolloleinwänden, dass sich im Laufe der Zeit Falten und Wellen bilden. Für Heimkinoapplikation sollte das Tuch selbstverständlich im 16:9- oder 21:9-Format angeschafft werden.

Leinwandgröße

3. Gebot: Bilder so groß wie nur möglich ist falsch! Es ist zwar verständlich, dass bei Anschaffung eines Projektors möglichst große Bilder erwünscht sind, dennoch gibt es einige Regeln, die das perfekte Verhältnis zwischen Sitzabstand und Leinwandgröße festlegen. Der Grund, sich nicht zu große Bildbreiten ins Haus zu holen, ist schnell erklärt und beruht nicht nur auf dem Erste-Reihe-im-Kino-Phänomen. Die technische Erklärung, die gegen übergroße Tücher spricht, ist zurückzuführen auf die Auflösung des Projektors: Da Videosignale immer nur eine bestimmte Auflösung mit sich bringen, die bei steigender Bildgröße immer sichtbarer in den Vordergrund tritt, sollte die Leinwandgröße der Auflösung des Videosignals und des Projektors angepasst werden. Hierfür gibt es eine simple Faustregel: Bei Standard-PAL-Bildmaterial von DVDs (720 x 576 Zeilen) sollte die Leinwandbreite nicht das 0,55-Fache des Sitzabstandes überschreiten. Im Klartext bedeutet das, dass bei einem Sitzabstand von drei Metern die Leinwand nicht breiter als 1,65 Meter sein sollte (0,55 x 3 = 1,65). Bei HDTV-Bildmaterial (720p und 1080p, z.B. von Blu-rays) hingegen steigt der Faktor auf 0,7 an, da HDTV eine mindestens 2,2-fach höhere Auflösung besitzt als PAL-Progressive. Bei einem Sitzabstand von drei Metern beträgt die maximale Leinwandbreite demnach 2,10 Meter.

Leinwandoberfläche

4. Gebot: Im Heimkino niemals mit High-Gain-Leinwänden arbeiten! Der Reflexionsgrad einer Leinwand wird in Gain angegeben. Leinwände sind passive Elemente, die kein Licht verstärken. Wenn eine erhöhte Reflexion und eine damit verbundene Lichtausbeute gewünscht wird, wird mittels spezieller Beschichtung das Licht aus den Ecken der Leinwand in spitzem Winkel in Richtung Zuschauerplatz reflektiert. Auf diese Weise wird nur auf dem Sitzplatz mittig vor der Leinwand (die so genannte „Null-Achse") ein helles Bild wahrgenommen, während damit außerhalb dieses Bereiches ein starker Lichtabfall einhergeht, der Zuschauern, die nicht auf der Null-Achse sitzen, ein dunkleres Bild beschert. Je höher das Gain, desto schmaler ist auch der Reflexionswinkel des Lichtes von der Leinwand. Während gerade in der Präsentationstechnik High-Gain-Tücher zur Anwendung gelangen, sollten im Heimkino weiße oder neutral graue Leinwände mit einem Gain-Faktor von 0,8 bis 1,3 verwendet werden. Auf diese Weise wird sichergestellt, dass alle Zuschauer im Raum die gleiche Bildhelligkeit wahrnehmen.

Auflösung

5. Gebot: Auflösung ist nicht alles!
Zwar sind heutige Projektoren der neuesten Generation mit LCD-, SXRD-, D-ILA- oder DLP-Chips bis 1920 x 1080 Pixeln bestückt und die 4k-Auflösung steht in den Startlöchern, dennoch haben auch andere Parameter an der Bildqualität entscheidenden Anteil. Was nützt Ihnen ein Full-HD-Beamer, der unter schlechtem Deinterlacing und Upscaling leidet und der Ihnen deshalb eine schlechte Hochrechnung von Standard-PAL-DVDs beschert? Auch in den nächsten Jahren wird die PAL-DVD noch nicht vom Markt verschwunden sein und deshalb sollte der Projektor über eine gute interne Bildverarbeitung verfügen.

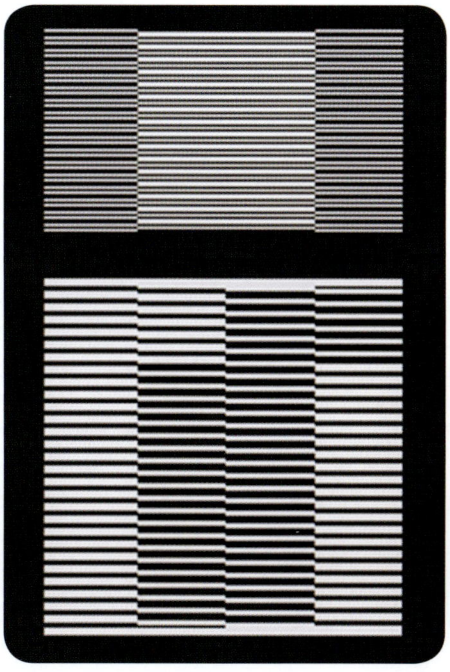

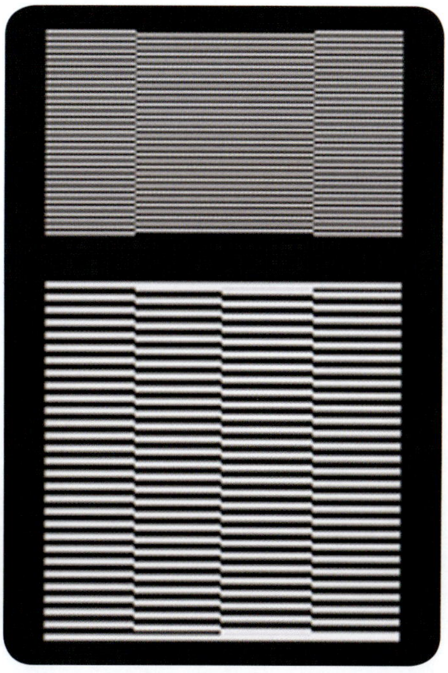

Die Bildqualität steigt mit intelligentem Scaling (rechts), bei dem Zeilen nicht einfach unregelmäßig verdoppelt (links), sondern mathematisch interpoliert werden

Helligkeit

6. Gebot: Glauben Sie nicht der „Je höher die Lampenleistung, desto besser das Bild"-Lüge ! Abgesehen davon, dass mit steigender Lampenleistung meist auch der Schwarzwert und somit der Kontrast sinkt, ist Bildhelligkeit prinzipiell abhängig von verschiedenen Faktoren: Der auszuleuchtenden Leinwandfläche, der Lichtleistung des Projektors sowie dem eigentlichen Reflexionsgrad der Leinwand. Die Helligkeit eines Projektors wird vom Hersteller meist in ANSI-Lumen angegeben. Ist dieser Wert bekannt, kann er in andere Maßeinheiten umgerechnet werden, die für die Ermittlung der Idealbildhelligkeit vonnöten sind. Denn im Heimkino kommt es nicht auf die eigentliche Helligkeit des Projektors an, sondern darauf, wie viel Licht von der Leinwand zum Zuschauer reflektiert wird. Diese Maßeinheit wird in Foot-Lamberts (FL) angegeben, wobei eine Bildhelligkeit von 12 FL dem eigentlichen Kinostandard entspricht und auch im Heimkino erzielt werden sollte. Über eine einfache Formel kann anhand der ANSI-Lumen und der Leinwandgröße nebst Gain-Faktor die im Heimkino erreichbare Helligkeit ermittelt werden:

$$\text{Foot-Lamberts} = \frac{\text{ANSI}}{\text{Leinwandfläche } (m^2) \cdot 10 \cdot \text{Gain}}$$

Heimkinohändler sollten Ihnen bei der Auswahl des richtigen Projektors nebst Leinwand mit Rat und Tat zur Seite stehen können, da diese neben den technischen Daten der Projektoren auch die Merkmale der Projektionstücher kennen, die sie verkaufen.

Objektiv

7. Gebot: Wählen Sie einen Projektor, dessen Objektiv-Brennweite perfekt zu der für Sie idealen Leinwand passt. Die meisten Projektoren sind mit Zoom-Objektiven ausgestattet, die eine bestimmte, frei justierbare Bildgröße erlauben und Ihnen somit bei der Installation ein wenig Spiel in puncto Projektionsabstand geben. Je höher die Brennweite ist, desto weiter kann der Projektor von der Leinwand entfernt aufgestellt beziehungsweise aufgehängt werden. Der Projektionsabstand kann durch die angegebene Brennweite errechnet werden.

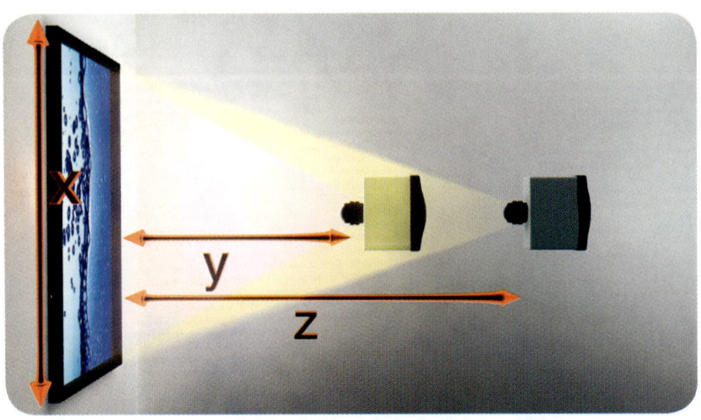

Innerhalb der Grenzen von Minimal- (Y) und Maximalabstand (Z) lässt sich die Leinwand (X) ausleuchten

Anschlüsse

8. Gebot: Achten Sie auf Eingangsvielfalt und Art der Anschlüsse. Heutige Projektoren sollten mindestens zwei HDMI-Schnittstellen und einen Komponenteneingang aufweisen. Für Heimkinofreunde mit sehr älteren Quellen ist auch noch ein S-Video-Anschluss (Y/C) sinnvoll. Verzichten kann und sollte man heutzutage auf den Composite-, oder Video bzw. FBAS-Input, der zwar meist vorhanden ist, aber eine sehr minderwertige Qualität liefert.

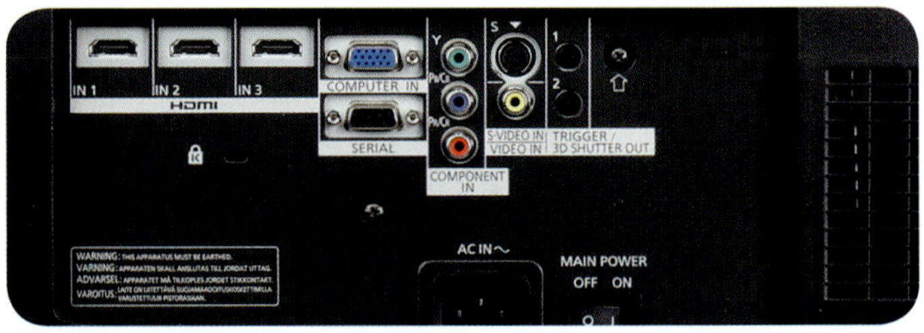

Zahlreiche Videoinputs sichern Anschlusskompatibilität

Farbmanagement

9. Gebot: Der Projektor sollte über ordentliches Farbmanagement verfügen. Bei der Filmproduktion werden diverse Normen und Regeln beachtet, um das Ergebnis perfekt im Kinosaal erlebbar zu machen. Farben, Farbtemperatur, Kontrast und Körnung sind nur einige Aspekte, die bei Bearbeitung des Filmmaterials im Produktions- und Post-Produktionsprozess berücksichtigt werden. Um dieses Ergebnis auch zu Hause zu erhalten, sollte der Projektor so kalibriert werden, dass nur die im Videosignal enthaltenen Informationen 1:1 wiedergegeben werden, ohne etwas hinzuzufügen oder wegzunehmen. Verschiedene Farbtemperatur-Modi mit der Option der Farbtemperaturdarstellung von 6500 Kelvin über eine RGB-Gain-Offset-Regelung, eine manuelle Gamma-Regelung und die Möglichkeit, Kontrast, Helligkeit, Farbsättigung und Schärfe einstellen zu können, sollten im Konfigurationsmenü des Projektors implementiert sein. Wenn der Beamer auch noch eine Farbortjustierung (Color Management) enthält, umso besser.

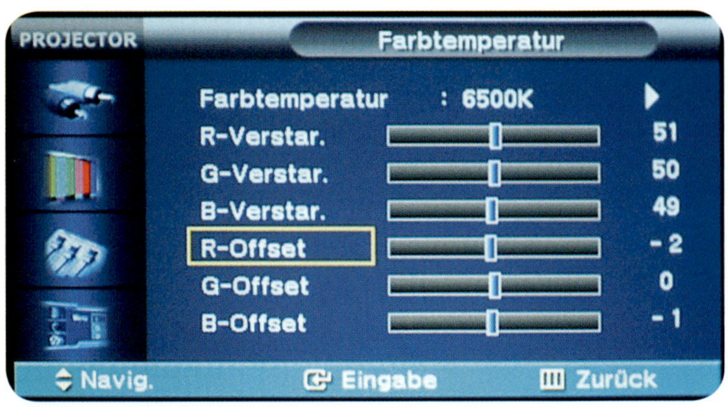

Gutes Farbmanagement ermöglicht perfekte Videobilder

Lüftergeräusch

10. Gebot: Zu laute Lüfter stören das Filmvergnügen. Hören Sie sich ihren Wunschprojektor in leiser Umgebung an. Vor allem bei ruhigen Filmszenen sollte das Lüftergeräusch nicht übermäßig störend sein, denn der Filmgenuss wird bei einigen Modellen immer noch durch hörbares Rauschen beeinträchtigt. Nahezu alle Projektoren verfügen heute jedoch auch über die Option der Aktivierung eines niedrigeren Lampenleistungsmodus, was nicht nur den Schwarzwert verbessert, sondern auch eine Reduktion des Lüftergeräusches zur Folge hat.

Home Theaters

Die besten Heimkinos der Welt

Michael E. Brieden Verlag